Der Tabak

Studien über seine Kultur und Biologie

C. J. Koning

Alpha Editions

This edition published in 2022

ISBN : 9789356708501

Design and Setting By
Alpha Editions
www.alphaedis.com
Email - info@alphaedis.com

Contents

DER TABAK

VON

C. J. KONING.

Hanausek erwähnt im Anschluss an das von
Suchsland vorgeschlagene verbesserte Tabaksgährungsverfahren
durch reingezüchtete Bakterien,
dass nach **Semmler** in Cuba einige beschädigte
Tabakblätter von untadelhaftem Aroma in Wasser
zum Faulen gebracht werden und dieses Wasser zum
Besprengen des ausgegohrenen Tabaks gebraucht
wird, wodurch das Aroma verbessert werden soll.

Koch's Jahresbericht über die Fortschritte in
der Lehre von den Gährungsorganismen 1892.

Vor mehr als zwei Jahren lenkte Professor Forster in Amsterdam meine Aufmerksamkeit auf die Untersuchung der Gährung des Tabaks. Die Vermutung lag nahe, dass entweder die Hefen, oder die Bakterien bei der Gährung eine Funktion ausübten (Suchsland). Die Proben sind also von mir in der Richtung hin genommen worden, dass ich in erster Linie ungebrühten Tabak im Laboratorium künstlich zum Gähren brachte, um später die natürliche Gährung mit dem erhaltenen Resultate vergleichen zu können. Ich habe, durch verschiedene Umstände dazu gebracht, die Untersuchung ausgedehnt und sowohl den anatomischen Bau der Pflanze, besonders des Blattes, als die Düngung und die chemische Zusammensetzung des lebenden, des sterbenden und des toten Gewebes untersucht. Dann habe ich die Gährung und die dabei hervortretenden Erscheinungen genau betrachtet und schliesslich die Krankheiten, welche sich am meisten bei den Pflanzen zeigen, studiert.

Ehe ich diese Gegenstände zu beschreiben anfange, spreche ich zuerst Herrn Professor Forster, jetzt in Strassburg, meinen Dank aus, der mir zum Anstellen der Versuche seinen Rath und sein Laboratorium zur Verfügung stellte, dann den Herren Herschel in Amersfoort und de Hartog in Wageningen, die mir den nichtfermentierten Tabak zusandten und mir Gelegenheit gaben, öfters die gährenden Haufen Tabak in Wageningen zu untersuchen und mich dadurch in den Stand setzten, die Kulturen zu den bakteriologischen Untersuchungen an Ort und Stelle anlegen zu können, dem Herrn N. v. Os in Amerongen für seine Bereitwilligkeit, mir die lebenden, toten und kranken Pflanzen zuzuschicken und für seine vielen wichtigen Mitteilungen bei meinem wiederholten Besuche in den Tabaksfeldern. Allen meinen Dank für ihre Hülfe und Freundlichkeit, deren ich mich stets erfreut habe.

Als Columbus 1492 auf der Insel Guanahani landete, sah er, wie die Rothäute aus Nase und Mund Rauchwolken bliesen. Sie hatten ein Kraut, welches, nachdem es getrocknet war, in ein Maisblatt hinein gewickelt, an der einen Seite angezündet und am andern Ende im Munde gehalten wurde. Dieses aufgerollte Kraut trug den Namen »Tabaco«. Andere behaupten, der Name Tabak stamme von einer zu den Antillen gehörigen Insel Tabago her. Wie dem auch sei, soviel ist sicher, dass im Jahre 1558 in Lissabon eine Tabakspflanze aus Florida von Gonzales Hernandes eingeführt wurde, wovon Jean Nicot allda im Jahre 1560 mittels Samen viele Pflanzen aufzog und diese in verschiedene Länder Europas mit wunderlichen Erzählungen verbreiten liess. Allmählich wurde die Pflanze in verschiedenen Gegenden angepflanzt, bald mit mehr, bald mit weniger Erfolg. Von den am meisten kultivierten Arten können genannt werden: *Nicotiana Tabacum*, *N. rustica* und *N. macrophylla*. Die Pflanze gehört nach dem System von Eichler zu den *Tubiflorae* und zwar zu der Unterabteilung der *Solonaceae*. Sie ist also der *Datura Stramonium*, *Hyoscyamus niger*, *Capiscum annuum*, *Solanum tuberosum*, *Lycopersicum esculentum*, *Atropa belladonna* u. a. nahe verwandt. Die Familie hat also zahlreiche Vertreter, welche kräftig wirkende Gifte bilden.

In den Tabaksblättern zeigt sich das bekannte flüssige Alcaloid Nicotin, gebunden an Apfelsäure und zwar in wechselnden Quantitäten von 0,7-5%, abhängig vom Alter der Pflanze und den verschiedenen Witterungsverhältnissen. Die schönen Untersuchungen von Ladenburg, Hoffmann und Pinner liessen das Nicotin als ein Derivat von Pyridin erkennen. Die chemische Structur dieses kräftig wirkenden Giftes ist bekannt geworden und daher die Synthese möglich.

Handel und Anwendung.

Ein jeder, welcher die Gegend um Wageningen, Elst und Amerongen, von Amersfoort und Nijkerk, die Dörfer in der Betuwe und in Maaswaal besucht und dort durch die Tabaksfelder geht, wird den Eindruck bekommen, dass die Tabakskultur hier im Lande noch eine grosse Ausdehnung hat. Besonders fiel mir überall die aussergewöhnliche Sorgfalt auf, welche auf die Kultur, auf die Ernte, auf das Trocknen und auf die Brühung verwendet wurde. Es möge den holländischen Tabakspflanzern ein erfreuliches Zeichen sein, dass diese wirklich grosse Kultur und dieser grosse Handel in den letzten zwei Jahren wiederum Fortschritte machen. Ehemals brachte der getrocknete, noch nicht fermentierte Tabak 25 Gulden per 100 Pfund ein, in den schlechten Jahren (87-92), als viele Züchter die Kultur einstellten, 7-12 Gulden, und jetzt wieder 17-20 Gulden.

Man unterscheidet im Handel:

1° *Boden- oder Sandgut.* Dies sind Tabaksblätter, welche zuerst gepflückt werden, die untersten Blätter, welche viel Erde und Sand enthalten und schon Ende Juli geerntet werden.

2° *Erdgut.* Dies sind die mittelsten Blätter, die wohl den besten Teil der Pflanze bilden.

3° *Bestgut.* Dies ist weniger gut und wird vom oberen, der Knospe beraubten Teil der Pflanze, erhalten.

4° *Geizen.* Es sind diejenigen Blätter, welche nach dem Pflücken noch am Stengel wachsen, es sind Ausläufer, welche die Pflanze so viel wie nur möglich aussaugen.

Die Durchschnittsernte ist gewöhnlich 2 à 3 Millionen Pfund.

Von unserm holländischen Tabak geht 7/8 der Ernte nach Deutschland, Belgien, Österreich, Italien, Schweden, Norwegen und England; 1/8 bleibt im Lande zu verschiedenen Zwecken als Kerbtabak und Deckblatt.

Der Schnupf- und Kautabak wird hauptsächlich geliefert von Amerongen, Nijkerk, Wageningen, Rhenen und Umgegend; es ist »Bestgut« und wird zum grössten Teil nach England, Belgien, Italien und Deutschland versandt, während das »Erdgut« nach Österreich, Frankreich und auch nach Italien und Deutschland geht.

Das Blatt aus Nijkerk ist, wie man es nennt »üppiger«; es ist elastischer und »piepst«, wenn man es mit den Fingern spannt. Es sieht auch fetter und dicker aus und eignet sich daher besser zum schweren Kautabak und zum Schnupftabak. Die Betuwe liefert mit ihrem schweren Lehmboden immer den besten Cigarrentabak, der deshalb mit 2 Gulden per 100 Pfund mehr bezahlt wird. Der Tabak von Valburg jedoch mit seinem hellgefärbten Blatt zeichnet sich vor allen andern aus und ist sogar 8 Gulden per 100 Pfund mehr wert. — Der Tabak, der nach Schweden, Norwegen, Dänemark und Deutschland »ungebrüht« versandt wird, kommt aus Valburg und Bemmel und zum kleinen Teil von Maaswaal. Er wird im getrockneten Zustande, »kalt gebrüht«, wie man es nennt, also ohne der Fermentation ausgesetzt gewesen zu sein, sofort gebraucht. Dieser Tabak hat eine helle, goldgelbe Farbe. Der Schnupf- und Kautabak hat ein dickes Blatt; schon mit der Hand kann man bei gleich grossen Büscheln den Gewichtsunterschied von dem Cigarrentabak deutlich herausfühlen (Betuwe).

Um die hohen Zollabgaben in England, Deutschland und Belgien zu umgehen, wird die Mittelnarbe aus den Blättern herausgenommen, die Blatthälften auf einander gelegt und in zierliche Büschel gebunden. Den gleichen Erfolg erhält man, wenn man den Tabak »ausdämpft« d. h. das Gewicht vermindert, indem man den Wassergehalt verringert. Auf diese Weise ist es möglich, 50 kg auf ein Gewicht von 35 herabzudrücken. Ich meine, dass die englische Regierung eine bestimmte Grenze gezogen hat, und dass der Tabak also nicht so trocken gedämpft werden darf, wie man dies früher that.

Der Einfluss ausländischer Ernten kann hier durch die Änderung des Preises zu Tage treten. Wenn das Ausland eine Missernte oder weniger gute Ernte hat, so steigen die Preise hier und umgekehrt.

Die Zeit für den Verkauf ihres Tabaks kann von den Züchtern selbst bestimmt werden; der Grosshandel bezieht die getrockneten Blätter von ihnen, wenn die Preise annehmbar sind.

Dieser Handel beruht hauptsächlich bei den Herren Herschel in Amersfoort, de Hartog, de Voogt und Koch in Wageningen, Frowein in Arnheim und de Block und C°. in Amsterdam, nebst einigen Spekulanten in Maaswaal.

Düngung.

Das Klima, der Boden, die Düngung, die Trocknungsweise der Blätter und die Fermentation üben einen grossen Einfluss auf die so sehr erwünschte gute Qualität der Tabaksblätter aus. Es ist also nicht möglich, alle diese Bedingungen künstlich hervorzurufen oder zu beeinflussen.

Eine gute Ernte ist sehr abhängig von den Witterungsverhältnissen. Ein einziger Hagelschauer kann in einigen Minuten ein zu Felde stehendes Gewächs fast vernichten, während auf der anderen Seite eine Krankheit unter den Pflanzen bisweilen zahlreiche Opfer heischt. Auch beim Tabak findet ein Wechsel im Anbau statt; wozu die Leguminosen gewählt werden. Durch die eingehenden Untersuchungen von Hellriegel, Nobbe und Hiltner ist dieser Wechsel studiert und erklärt worden. Die Pflanze, die im Allgemeinen viel Stickstoff zum Aufbau des Eiweisses bedarf, erhält diesen Stickstoff aus dem Boden und der zugeführten Nahrung. Wenn ein und dasselbe Gewächs während einiger Jahre auf einem Acker gezogen wird, so wird dieser Acker ungeachtet der Düngung stets ärmer an der gewünschten Nahrung für die Pflanze werden. Durch die Abwechslung in der Anpflanzung, die man nicht erklären konnte, wurde diesem Übel einigermassen abgeholfen. Man findet in den Leguminosen (Erbsen, Bohnen m. a. W. Hülsenfrüchte) Pflanzen, die den Acker für das nächste Jahr verbessern. Jetzt hat sich herausgestellt, dass die kleinen Wurzelknöllchen jener Hülsenfrüchte eine sehr wichtige Funktion bei der Assimilation des Stickstoffs ausüben. Die Besprechung des höchst interessanten Baues jener kleinen Knollen, sowohl als die Entwicklung der Bakterien, welche da hinein dringen, das Gewebe angreifen und dieses umbilden, würde zu weit führen.

Jedoch sei darauf hingewiesen, dass bestimmte Arten von Bakterien durch die Wurzelhaare oder Verletzungen in die Wurzeln hineindringen, sich stark vermehren und ein neues Pflanzengewebe hervorbringen, welches sich in knollenartigen Verdickungen zeigt. Die Wirkung dieser kleinen Knollen fängt erst dann an, wenn die auflösbaren Stickstoffverbindungen aus dem Boden verbraucht sind.

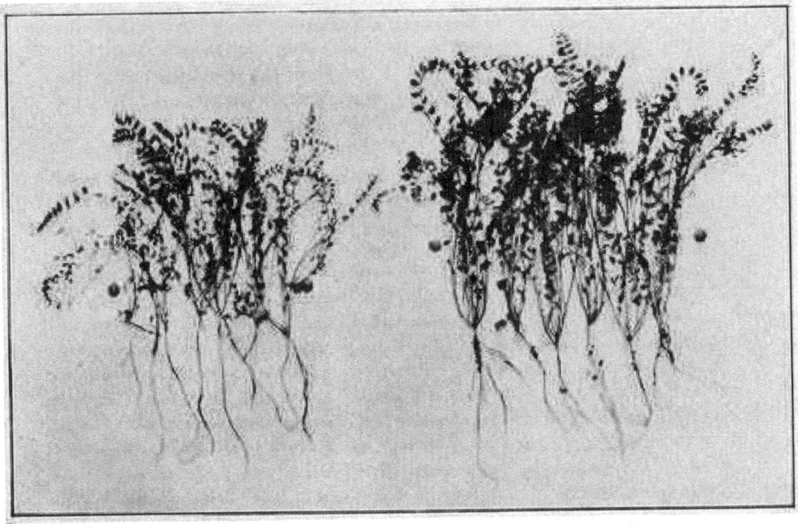

Fig. 1. Nicht-geimpfte und mit bacterien-geimpfte Serradella (Ornithopus sativus).

Reinkulturen von verschiedenen Bakterien, welche augenscheinlich dieselben kleinen Knollen bilden, habe ich jetzt unter dem Namen »Stikstofverzamelaars« (Stickstoffsammler) in den Handel gebracht. Eine Weinflasche dieser Kultur genügt für 1/4 ha. So hat man »Stikstofverzamelaars« für *Pisum Sativum* (gewöhnliche Erbse) *für P. arvense* (Sanderbse), *Lupinus*, *Ornithopus sativus*, *Trifolium pratense*, *Lathyrus Sylvestris* u. s. w.

Vergleichende Proben, mit diesen Kulturen genommen, zeigen in der That den grossen Unterschied in der Entwicklung und in dem Wachstum der Pflanze auf einem Acker mit solchen Reinkulturen gedüngt, und dem gleichen Acker, welcher im natürlichen Zustande geblieben ist[A].

Jeder Züchter ist davon überzeugt, dass die Anwendung einer bestimmten Art Dünger für ein bestimmtes Gewächs die Ernte bedeutend verbessern kann. Das schwierige Problem, welcher Dünger in unserm Lande für unsern Tabak verwendet werden muss, ist zwar noch nicht ganz gelöst, doch ist ein Fortschritt in der Kulturweise der Pflanzen schon zu bemerken, dank der Sorgfalt, die viele Pflanzer ihrem Gewächse widmen. Die Anweisung tüchtiger wissenschaftlich gebildeter Agronomen, Chemiker, und in der letzten Zeit Bakteriologen ist von höchster Wichtigkeit, um Versuche nach einer bestimmten Richtung hin anzustellen.

Die Erfahrung lehrt, dass ein hoher Gehalt an Chlorsäure die Brennbarkeit des Tabaksblattes nicht fördert, sondern sie stark verringert. Ebenso wie in

Ostindien hat man auch hier die Erfahrung gemacht, dass derselbe Boden nicht jedes Jahr ein gleich gut brennendes Produkt liefert (Salm 1877).

Viele aufmerksame Pflanzer meinen, ein tüchtig beregneter Tabak liefere meistens ein besser brennbares Produkt. In der Asche gut brennbaren Tabaks findet sich viel kohlensaures Kali, in derjenigen des schlecht brennbaren sehr wenig von diesem Salze; dahingegen viel schwefelsaures Kali und Chlorkalium. Das kohlensaure Kali ist in diesem Zustande nicht im Blatte anwesend, sondern entsteht beim Verbrennen aus Apfelsäure, Citronensäure und oxalsaurem Kalium. Die sehr verbreitete Meinung, dass der Salpeter die Brennbarkeit vermehre, ist nicht ganz richtig. Denn Algier liefert Tabaksarten, welche viel Salpeter enthalten und doch schlecht brennen. Dagegen bestehen andere Arten, welche keinen Salpeter enthalten und doch gut brennen.

Man hat Recht, wenn man Zusammenhang sucht zwischen der Brennbarkeit und dem Vorhandensein von organischen Salzen, und dies kann man erklären und beweisen. (Indische Kulturen von Van Gorkom.) Unbrennbarer Tabak, welcher durch eine Auflösung eines organischen Kalisalzes gezogen und nachher getrocknet wird, ist durch diese Behandlung wirklich brennbar geworden. Macht man die nämliche Probe mit gut brennbarem Tabak und einem anorganischen, einem Magnesium- oder Kalk-Salze, so ergiebt sich, dass die Brennbarkeit gewichen ist. Die Asche wird in diesem Falle kein kohlensaures Kali enthalten, das wohl nach dem ersten Experimente gefunden wurde. Der Tabak erheischt Kalium, viel Kalium, und damit jene Salze in die Pflanze aufgenommen oder in ihr gebildet werden, muss man die Chlorverbindung vermeiden. Die kohlensauren-, salpetersauren und schwefelsauren Salze des Kalium dahingegen werden von den organischen Säuren analysiert. Alljährlich werden von unsern Züchtern Tausende von Gulden auf die Düngung ihrer Felder verwendet. Die Tabakspflanze braucht eine kräftige Nahrung, wodurch sie zu gleicher Zeit eine gewisse Immunität den fungischen Sporen gegenüber erhält.

Es ist sehr beachtenswert, dass die Pilzarten im Tabak, welcher in unfruchtbaren Boden gepflanzt war, welcher also wenig gedüngt wurde, sich später gerne in der Pflanze entwickeln. Der schlechte finanzielle Zustand des Pflanzers ist indirekt Ursache davon. Allgemein kann man bei sorgfältiger Behandlung des Tabaks annehmen, dass ein Hektar von Boden, welcher schon in Kultur genommen ist, 35000 kg. Schafsmist braucht, mit einem Durchschnittswert von 350 Gulden (etwa 600 Mk.) Die Experimente mit der Tabakskultur in Zeeland haben bis jetzt nicht den erwünschten Erfolg gehabt. Der hohe Gehalt des Meeresthons an Chloriden ist höchst wahrscheinlich Ursache davon. Im Zusammenhang mit dem dortigen Futter der Schafe ist auch der Mist dieser Tiere (*f* 1,50 per 1300 kg.) weniger wert als derjenige, welcher aus der Provinz Utrecht und Süd-Holland angeführt wird. Im grossen Ganzen ist die Düngung unsrer Tabaksfelder noch sehr verschieden. Einen sehr guten Erfolg erzielt man durch Anwendung von 45000 kg. Schafsmist und 500 kg. Chilisalpeter-Superphosphat per Hektar. Gleich günstig wirkt eine Düngung mit 45000 kg. Schafsmist und 350 kg. gemalenem (= aufgelöstem) Peruguano.

Die Zusammensetzung dieser Düngstoffe ist für 1000 kg. frischen Schafsmistes in ihren wirksamsten Bestandteilen angegeben: Stickstoff 8.3, Phosphorsäure 2.3, Kali 6.7, Natron 2.2, Kalk 3.3, Chlor und Fluor 1.7 im Werte von *f* 8,— per 1000 kg., welche durch die Kosten für Fracht, Arbeitslohn, bis zu *f* 9,— steigen. Chilisalpeter enthält 15% Stickstoff im Werte von *f* 11,50 à *f* 12,50 per 100 kg.

Aufgelöster (= gemalener) Peruguano: 7% Stickstoff und 9.5% auflösbare Phosphorsäure im Werte von *f* 10,— per 100 kg.

Ebenso wie die meisten anderen künstlichen Düngstoffe, welche unter Kontrolle gestellt werden können, wird der Gehalt für Chilisalpeter-Superphosphat angegeben mit 7% Stickstoff und 9% Phosphorsäure etwa im Werte von *f* 8,50 per 100 kg. Unter dem Namen »Delidünger« der besonders nach Indien geschafft wurde, war eine Mischung im Handel, welche 6% Stickstoff, 5% Phosphorsäure und 5% Kali enthielt. Man behauptete, durch Anwendung dieses Kunstdüngers erhielte man ein hell gefärbtes Blatt.

In der letzten Zeit ist die Aufmerksamkeit auf die Torfstreu gelenkt worden, welche aus den Pferdeställen herstammt. Sie zeichnet sich vor allen anderen tierischen Düngstoffen dadurch aus, dass mit ihr der Boden porös bleibt und deshalb mehr Feuchtigkeit festhält als bei einer Düngung mit Kuhmist.

Ein mir bekannter Züchter, der eine Reihe von Jahren Versuche mit verschiedenen Düngstoffen machte, einzeln und gemischt, hat es jetzt so weit gebracht, dass ein für Holland sehr gutes Produkt erzielt wird, zu gleicher Zeit noch mit dem Vorteile, dass die Kosten für Düngung bedeutend geringer sind.

Einige Züchter gebrauchen nebst Schafs- oder Kuhmist noch Taubenmist auf ihren Feldern und zwar 20 bis 30 h.l. per h.a. Die Erfahrung lehrt, dass so der Tabak kräftiger ist, schwerer wiegt und mehr Glanz besitzt. Ein gleiches Resultat wird hervorgebracht mit dem viel billigeren Peruguano.

Alle 4 bis 5 Jahre werden auf dem Felde Leguminosen gezogen und noch nachher im nämlichen Jahre weisse Rüben, auch wohl Futtermöhren. In diesem Falle wird im Monat März der Möhrensamen zu gleicher Zeit mit Erbsen ausgesät, die Rüben hingegen erst Ende Juli, nachdem die Erbsen eingeerntet sind. Im darauffolgenden Jahre wächst auf solchem Acker die Tabakspflanze üppiger, trägt ein dünneres, schöneres Blatt, das besser brennt, doch weniger Gewicht hat bei gleicher Düngung als auf anderem Boden. Wir sehen hier nochmals die kräftige Nachwirkung der Leguminosen, das Resultat des Wechselbaues.

Allgemein wird bemerkt, dass ein warmer, trockner Sommer ein dickeres, schwerer brennbares Blatt liefert, ein feuchter regnerischer Sommer ein dünneres, besser brennbares Blatt. Nessler suchte die Erklärung dafür in der verschiedenen Absorptionsfähigkeit des Bodens dem Chlor und Kalium gegenüber, wonach in trocknen Sommern besonders die Chlorsalze (NaCl.) mit dem Grundwasser aufsteigen sollten, indem diese in nassen Sommern hinweggespült würden. Wie dem auch sei, es scheint mir, dass der anatomische Bau des Blattes einen nicht unbedeutenden Anteil an der Brennbarkeit hat. Ein Tabaksfeld in der Nähe von Amerongen war zum Teil gelegen an einer mit schweren Buchen bewachsenen Allee; dieser Teil wurde fast den ganzen Tag beschattet, war also feuchter als der von der Sonne beschienene. Die Pflanzen im Schatten waren höher und mit grösseren Blättern versehen.

Die mikroskopischen Untersuchungen zeigen in der That, dass die Struktur der Blätter feiner ist, und dass besonders das Schwammparenchym mit grösseren Luftgefässen versehen ist als dasselbe Gewebe der von der Sonne beschienenen Blätter. Ebenso, jedoch in schwächerem Grade, kennzeichneten sich die Blätter der Pflanzen, welche durch den Schatten der Trockenscheunen nach 1 Uhr Nachmittags keine Sonne mehr bekamen. Im Anschluss hieran lehrten mich die Versuche, dass ein Blattteil ohne Hauptrippen einer beschatteten Pflanze weniger wog als ein ebensogrosser Teil von einem besonnten Blatte. Als Durchschnittswert bei frischen Blattteilen fand ich für die im Schatten wachsenden Pflanzen, bei einer Oberfläche von 23 cm^2, 0.530 Gramm, für die im Sonnenlicht wachsenden Pflanzen 0.650 Gramm, also im Verhältnis von 100 zu 122.

Zugleicherzeit muss hier die Bemerkung gemacht werden, dass Pflanzen, welche im Schatten wachsen, im grossen Ganzen ein besser brennbares Blatt liefern.

Aus diesen Betrachtungen erhellt die Macht der Düngung und der Einfluss des Lichtes auf den anatomischen Bau des Blattes[B].

Kultur

Anfang März wird der Samen der Tabakspflanze auf eine sehr eigentümliche Weise zur Aussaat präpariert. Zu einem Hektar braucht man nur 18 Fingerhütchen von diesem sehr winzigen Samen. Man bringt weissen Sand in Blumentöpfe und oben darauf den ein wenig angefeuchteten Samen. Eine Reihe dieser Töpfe, meistens für verschiedene Züchter, wird in ein kaltes mit Glasscheiben verschlossenes Mistbeet gestellt, in welchem durch Brühung des hineingebrachten Pferdemistes die erwünschte Temperatur erhalten wird, um die Saat keimen zu lassen. Sobald das Würzelchen sich zeigt, wird der Samen mit trocknem Sande vermischt und dann in die Mistbeete ausgesät. Der Boden dieser Mistbeete ist mit Pferdemist und etwas Taubenmist zubereitet. In der Gegend von Wageningen und Amerongen ist dieser Vogelmist leicht zu bekommen, durch das Recht, welches einigen Herrlichkeiten gewährt ist, hunderte ja sogar tausende meist verwilderte Tauben halten zu dürfen. Von diesen uralten Herrlichkeiten können genannt werden: *Amerongen*, *Molenstein*, *Zandenburg* und *Leeuwenburg*. Der Handelswert dieses Taubenmistes ist etwa 2 Gulden per Malter.

Die Kiste oder das Mistbeet, wovon der Glasrahmen mit geöltem Papier verklebt ist, wird jetzt derartig behandelt, dass der Pferdemist etwa 1 cm., der Taubenmist dahingegen etwa 3 à 4 cm. unter den Boden zu liegen kommt. Nachher wird das Mistbeet triefnass gemacht, und der Samen mit Sand vermischt darüber gestreut. Die ersten 10 Tage braucht es nicht begossen zu werden. Etwa am 15-30 Mai sind die Pflänzchen so gross, dass die besten ausgesucht und gepflanzt werden können. Dies geschieht auf dem schon schwer gedüngten Land und zwar so, dass zwei Reihen der Pflänzchen auf einen einigermassen erhöhten Erdrücken gestellt werden.

Man erhält hierdurch eine gute Abwässerung und zugleicherzeit eine sehr gute Gelegenheit, um später beim Einernten zwischen die Pflänzchen zu gelangen.

Auf einem ha. stehen ungefähr 38000 Pflanzen, welche je 45 cm. von einander entfernt sind. Die Umgebung der jungen Pflänzchen wird immer sorgfältig mittels Schaufel und Hacke vom Unkraute gesäubert.

Die gefürchteten Feinde der Pflanzen sind nun die »Käfer- und Grauwürmer«, die auf allen Tabaksfeldern, und die Erdraupen, die nur auf einigen Feldern gefunden werden. Nicht selten werden während des ersten Monats 2000 per ha. mit der Hand, also durch Ablesen entfernt. Nach dieser Zeit verschwinden diese gefürchteten Eindringlinge von selbst. Die Anpflanzung einer Reihe Salat längs der hohen Erbsen- und Bohnenhecken, scheint ein Lockmittel für die Erdraupen zu sein; auf diese Weise wird das Suchen und Entfernen erleichtert.

Der Geldersche Landmann versteht unter Käferwürmern »Engerlinge«, das sind die Larven des Maikäfers, *Melolontha vulgaris*. Unter Grauwürmern versteht man gewöhnlich die »Emelten«, die Larven der Erdschnaken: *Tipula oleracea*, *T. paludosa*, *T. maculosa*, u. s. w. Unter Nadelwürmern versteht man gewöhnlich Erdraupen: *Agrotis segetum*, *A. tritici*, *A. exclamationis* u. s. w. Die Züchter verwechseln gewöhnlich diese Namen. Herr Professor Ritzema Bos hatte die Güte, mir hier die richtigen Benennungen anzugeben. Nach 6 bis 7 Wochen ist die Pflanze schon so gross, dass sie »geköpft« werden kann, d. h. in den Morgenstunden wird mit geölten oder mit Speck eingeriebenen Fingern die Knospe herausgenommen. Die Pflanze trägt bald darauf 14 à 15 tüchtige Blätter. An einer geringen Zahl gut gewählter Pflanzen lässt man Samen schiessen, entfernt die kleinen Blumen oder Früchte und lässt die Grösseren zur vollen Reife kommen. Der Samen, der von überseeischen Besitzungen zum Anstellen von Versuchen hierher gebracht wurde, ist im Laufe der Jahre durch die natürliche Kreuzbestäubung stets zurück gegangen. Man hält jetzt auf die beschriebene Weise eine Auslese zur Ziehung der besten Arten. Ende Juli werden die untersten fünf Blätter, das sogenannte Sandgut, gepflückt, 2 bis 3 Wochen später das Erdgut, und wieder nach derselben Zeit das Bestgut.

Die Blätter werden nach jeder Ernte in dem Hauptnerv eingeschnitten, an Stäbe oder Stangen gesteckt und dicht auf einander 3 bis 4 Wochen in dazu hergerichteten, gut ventilierten, meistens hölzernen Scheunen zum Trocknen aufgehängt. Bei feuchtem Wetter geschieht dies Trocknen nicht immer nach Wunsch, die Blätter trocknen schlecht und in Folge dessen entsteht die sogenannte »Anschwellung«, die in Fäulnis übergehen kann. Dadurch, dass man niedrige Feuer unter die trocknenden Blätter anlegt, kann diesem Übel abgeholfen werden, besonders im Spätsommer: am 10ten Tag der Trocknung wird dies beim Bestgut beobachtet, die »Anschwellung« zeigt sich dann dadurch, dass die hängenden Blätter sich gerade ausbreiten.

Das Sandgut, Bestgut und Erdgut, von dem beim Anfange der Trocknung etwa 30 à 40 Blätter an einer Stange hingen, wird nach 3 bis 4 Wochen umgesteckt und zwar derartig, dass die Blätter von 4 Stäben auf eine Stange gesteckt werden. Dann werden diese Stangen zu Haufen aufgetürmt und zwar so, dass ein Kubus gebildet wird, dessen Höhe aus etwa 20 bis 25 Schichten besteht, wovon die Blätter alle nach innen gerichtet sind.

So bleiben sie liegen bis zum Oktober oder November, um dann sortiert und in Büschel zusammen gebunden zu werden.

Anatomie und Physiologie.

Die Brennbarkeit des Tabaksblattes, wie wir schon sahen, ist abhängig von der Anwesenheit organischer Kaliumsalze.

Die Art, wie die Pflanze diese bildet und aus welchen Salzen sie entstehen, ist nicht mit Bestimmtheit anzugeben. Jede lebende Pflanze (die meisten Parasiten ausgenommen) baut aus anorganischen Stoffen diejenigen Körper auf, welche sie braucht. In welcher Weise das Nicotin von der Tabakspflanze aufgebaut wird, ist unbekannt. Dies Alcaloid scheint sich in allen Teilen der Pflanze zu finden.

Mit den allgemeinen Alcaloidreagentien wird überall im Pallissadengewebe wie im Schwammparenchym eine Reaktion beobachtet.

Die Funktionen, welche die Organe der Pflanze ausüben, sind genau bekannt; man kennt die Rolle vom Xylem, Phloëm, Parenchym, Collenchym, Sclerenchym und von sovielen andern. Weniger bekannt ist die Weise, in welcher die Pflanze die organischen Stoffe aufbaut, Stoffe, welche so zusammengesetzt sind, dass man noch nicht den mindesten Begriff hat von ihrer Konstitution oder ihrem chemischen Bau. Vor einigen Jahren gab Baeyer seine Hypothese über die Bildung der Kohlhydrate unter dem Einflüsse des Chlorophylls. Nach dieser Vermutung, die noch nicht widerlegt worden ist, geht die Kohlensäure in Ameisensäure über, diese mittels Reduktion in Aldehyd, und dieses wieder unter Polymerisation in ein Kohlhydrat, einen Zucker, ein Monosaccharid. Nach den Untersuchungen von Curtius, die im Anfange des Jahres 1897 bekannt gemacht wurden, ist es ihm gelungen, aus dem Brei der Pappel- und Eschenblätter, mittels M — Nitrobenzhydrazid, ein Aldehyd auszuscheiden und anzuzeigen, ($C_7\ H_{11}\ O\ C\ O\ H$). Weiter ist bekannt, dass Asparagin oder Amido-Apfelsäure ein stickstoffreicher, kristallisirbarer Körper ist, welcher mit Traubenzucker Eiweiss bilden kann, und umgekehrt, dass das Eiweiss den Stickstoff wieder abgeben kann, um Asparagin aufzubauen, welches durch die Gewebe nach den Myristemen geführt werden kann, um da zur Stelle wieder das erwünschte Eiweiss entstehen zu lassen.

Der Bau des Tabaksblattes ist dem Typus der Dicotylenblätter gleich. Wenn wir ein Tabaksblatt mikroskopisch auf dessen Querdurchschnitt betrachten, sehen wir zu allererst die Cuticula, welche mit Wachs überzogen ist; sie bildet einen Teil der Epidermis, die in unserm Falle sowohl an der Aussen- als Innenwand cuticularisiert ist. Diese Epidermis besteht aus flachen tafelförmigen Zellen, welche mit unregelmässig wellenden Linien in einander schliessen und hier und da Spaltöffnungen zwischen sich lassen.

Obgleich die Spaltöffnungen in der Regel sich nur an der Unterseite der Blätter zeigen, ist dieses beim Tabak nicht der Fall; sie finden sich da an beiden Seiten.

Viele Zellen der Epidermis sind zu Haaren ausgewachsen. Die Form dieser Haare ist sehr verschieden und kennzeichnend. Die meisten sind mehrzellig, sehr lang und tragen oben einen mit ätherischem Öl gefüllten mehrzelligen Körper; eine zweite Art ist gleichfalls lang, doch endigt in einer Spitze, während eine dritte Art auf einem kurzen einzelligen Stiele einen grossen angeschwollenen, mehrzelligen Körper trägt. An beiden Seiten der Blätter zeigen sich Haare. Im allerjüngsten Zustande des Blattes sah ich sogar einige, welche stark verzweigt waren. Unter der Epidermis liegt das Pallissadengewebe, welches aus langen blattgrünreichen Zellen besteht, die sich dicht an einander anschliessen. Darunter laufen, doch nicht an allen Stellen, die Gefässbündel, welche aus Xylem und Phloëm bestehen, von denen das erstere zur Weiterbeförderung des Wassers, das letztere zum Transporte des Eiweisses dient.

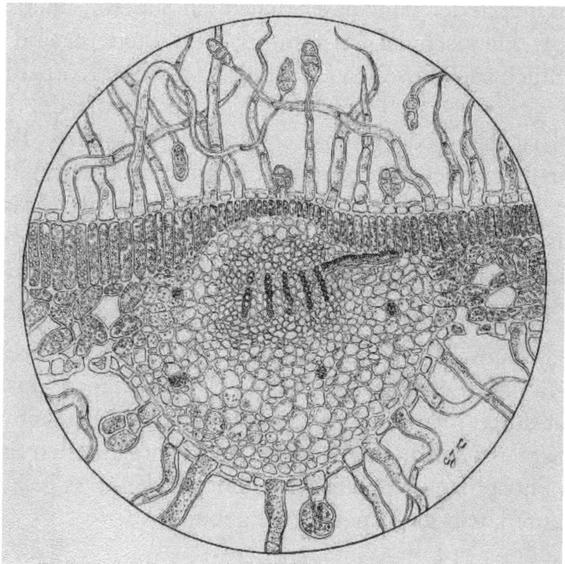

Fig. 2. Querdurchschnitt eines jungen Tabaksblättchens aus der Knospe genommen (Amerongen), 150 Male vergrössert.

Die Holz- oder Xylemgefässe zeigen durch die eigentümlichen bandförmigen Anschwellungen die wohlbekannte Spirale, die Phloëmgefässe kennzeichnen sich durch die durchbohrten Zwischenwände oder Siebplatten; weiter treffen wir das Schwammparenchym, dass aus sehr grossen, gleichfalls chlorophyllreichen Zellen besteht, welche zahlreiche grosse Luftröhren zwischen sich einschliessen. Dann folgt wieder nach der Unterseite die Epidermis mit ihren vielen Spaltöffnungen und zu Haaren ausgewachsenen Zellen.

In beigehender Zeichnung, die nach einem Querdurchschnitt von mir angefertigt wurde, sehen wir die Lage der Organe. Der Durchschnitt eines jungen Blattes, aus dem Keimpunkte genommen 12 cm. lang, ist derartig, dass der Nerv und an beiden Seiten davon der Anfang der beiden Blatthälften mit einem Teil des Gefässbündels, der sich nach dem Blatte zuwendet, deutlich sichtbar ist. Wir sehen in der Mitte den Xylembündel, aus Holzgefässen bestehend, ringförmig umschlossen vom Phloëm. Um den Gefässbündel herum liegt das Collenchym, kenntlich an den Anschwellungen der Zellenwände in den Ecken. Das Collenchym ist sehr dehnbar und in geringem Masse elastisch; daher kommt es, dass es nach Ausreckung nicht wieder vollkommen die frühere Länge annimmt. Es besteht aus langen Zellen mit platten Enden; die Wände sind weich und wasserreich, wodurch es unter dem Mikroskop bläulich aussieht.

Was die chemische Zusammensetzung betrifft, finden wir in den Zellenwänden und in den cuticulären Schichten Suberin, einen Stoff, der mit dem Korkstoff identisch ist. In den frischen Blättern sind Spuren von Asparagin deutlich nachzuweisen (Alcohol abs.) Dieser Körper ist quantitativ mit Nitras hydrargyrosus zu bestimmen, wozu vorerst der Farbstoff mit basischem Bleiacetat niedergeschlagen wird. Quantitative Bestimmungen von Asparagin und Eiweiss (letztere Bestimmung nach der Methode Stutzer) in den reifen Blättern, und während des Trocknens der Blätter gemacht, deuten auf einen Übergang von Eiweiss in Asparagin. Je länger die Blätter trocknen, desto reicher werden sie an diesem Crystalloid.

Weiter kann im Blatte ein inversionsfähiges Kohlhydrat erkannt werden, mutmasslich Rohrzucker. Von organischen Salzen sind anwesend: die der Apfelsäure, Citronensäure und Oxalsäure, von denen das letztere als Calciumoxalat durch mikrochemische Reaktionen im Parenchym dargethan werden kann (man sehe die Figur). Von den anorganischen Salzen müssen die Chloride, Phosphate und Sulfate erwähnt werden. Das Kalium ist teils an organische Säuren, teils an Salpetersäure gebunden.

Unmittelbar hier anschliessend wünsche ich die Prozesse zu behandeln, die beim Trocknen der Blätter stattfinden. Sobald die Blätter in den Trockenscheunen aufgehängt werden, sehen wir, wie in den ersten Tagen schon grosse Änderungen vor sich gehen: die Farbe der Blätter geht über in ein fahles Gelb und läuft durch verschiedene Farben bis ins Braune. Wir haben nach dem Pflücken nicht sofort mit einem toten, abgestorbenen Blatte zu thun, sondern die Lebensfunktionen dauern noch Tage, ja Wochen lang fort. Das sterbende Blatt schafft in seinem Gewebe völlige Wandlungen, die schon durch die sichtbare Farbenänderung angezeigt werden. Durch Plasmolyse und durch Verwendung von Farbstoffen, wie Eosin und Picro-Carminsaures-Ammoniak, kann dargethan werden, dass die Zelle noch Tage lang eine zum Leben gehörige Function vollbringen kann.

Ich fand für Blätter, die von mir selbst gepflückt und aufgehängt wurden, dass dies 15 bis 20 Tage dauern kann.

Wenn Schnitte eines reifen Blattes in eine Jod-jodkaliumlösung gebracht werden, sehen wir, dass das Stärkemehl in äusserst kleinen Körnchen in grosser Zahl vorhanden ist; die Chlorophyllkörner erscheinen wie Riesen daneben. Während des Trocknens des Blattes nehmen sie in Anzahl ab, indem sie Zucker bilden. Die Versuche sind leicht zu machen. Ein Blatt oder ein Teil davon wird in Wasser gekocht, mit Kalilauge durchscheinend gemacht, nachher mit Essigsäure neutralisiert und weiter auf einen Porzellanteller ausgebreitet, in welchen man Jodalcohol mit Wasser gebracht hat. Nach einiger Zeit zeigt sich aus der Intensität der Färbung die Lage des Stärkemehls. Wenn hingegen ein Blatt mittels Chloroformdampf getötet wird, so findet die Umsetzung nicht statt, die Farbe verwandelt sich nicht in Gelb, ein Beweis, dass das sterbende Blatt Lebensfunktionen besitzt und zeigt. Die Verschwindung des Stärkemehls geht zusammen mit der Entstehung von Glucose, aber auch dieses Kohlhydrat ist während des Trocknens nicht bleibend, verschwindet jedoch auch nicht ganz. Ich meine, dass einige amerikanische Tabaksarten künstlich schnell getrocknet werden; doch dann fragt es sich, ob sich dieser Prozess günstig für den Tabak erweist. Während der Trocknung wächst auch der Gehalt an organischen Säuren, und da wir sahen, dass ein grosser Teil dieser Säuren an Kalium gebunden war, muss dies wieder die Brennbarkeit des Blattes beeinflussen.

Quantitative Bestimmungen des Nicotin nach der Methode Kissling zeigen, dass dies Alcaloid während der Trocknung keiner Änderung unterworfen ist; ebensowenig werden die Nitrate angegriffen. Die Eiweisse hingegen vermindern und als Produkte hiervon zeigen sich Amine (Behrens).

Aus diesen Versuchen und Betrachtungen geht hervor, dass die Trocknung der Tabaksblätter langsam geschehen muss. Die chemischen Prozesse, welche unter dem Einfluss des Lebens während der Trocknung durchgemacht werden, sind von grosser Wichtigkeit für die hierauf folgende Fermentation. Wir werden da sehen, dass lebende Organismen, Bakterien, den Gährungsprozess einleiten und beendigen.

Fermentation. Physische und chemische Untersuchung.

Durch die Fermentation wird der Tabak einer völligen Änderung unterzogen, und ohne Zweifel üben die Brühungsweise, die Temperatur und die Bakterien einen grossen Einfluss aus auf die Bildung derjenigen Zersetzungsprodukte, welche was Geruch und Geschmack betrifft, kennzeichnend sind. Ich bin fest überzeugt, dass hauptsächlich die Bakterien und nicht die Loew'schen Enzyme[C], die Hauptrolle spielen. Wir werden später sehen, dass bei künstlicher Impfung mit Reinkulturen ganz andere Prozesse stattfinden. Suchsland war der erste, welcher in einer vorläufigen Mitteilung bekannt machte, dass Geruch und Geschmack durch die Lebensprozesse der Mikroben entstehen; jedoch hat er später nie wieder diesen höchst interessanten Gegenstand aufgenommen.

In der Einleitung erwähnte ich schon, dass die Herren Herschel in Amersfoort und de Hartog in Wageningen mir immer bereitwilligst Hilfe verliehen, und dass in den Scheunen, wo die gährenden Haufen Tabak umgesetzt wurden, ein improvisiertes kleines Laboratorium mit den allernötigsten Instrumenten von uns eingerichtet war.

Mit der grössten Sorgfalt wird ein Haufen Tabak zusammengesetzt. Die musterhaft zusammengebundenen Büschel werden aufgeschichtet, so dass man Haufen von etwa 3 m. hoch, 3.5 m. breit und 3.5 m. lang bekommt. Diese Ziffern sind nicht normal, sondern Form und Grösse richten sich nach dem anwesenden Raum, ein Haufen ist desshalb grösser als der andere. Das Gewicht variiert gleichfalls, man hat solche von 15000 bis 30000 Pfund. Wenn ein Haufen fertig da steht, ist es wirklich ein reizender Anblick. Man sieht von allen Seiten die »Köpfe« der sorgfältig zusammengebundenen Büschel, welche dem Ganzen das Ansehen eines Flechtwerks geben. Wenn ein Haufen einige Tage steht, fängt er an zu sinken. Indem man lange Stangen hineinsteckt, kann man, wenn man dieselben herauszieht und mit der Hand anfühlt, die Temperatur beobachten und zugleicherzeit den Geruch beurteilen. Die Personen, welche sich hiermit beschäftigen, haben, was dies betrifft, eine jahrelange Erfahrung. Es währt nicht lange so wird der Haufen warm und feucht, die Brühung oder Fermentation fängt an. Weil die Temperatur immer steigt, kommen von allen Seiten Insekten hinzu, welche mit dem Namen »Läuse« angedeutet werden. Bei meiner Anwesenheit habe ich dieselben nicht gesehen und habe also keine Gelegenheit gehabt, sie zu bestimmen.

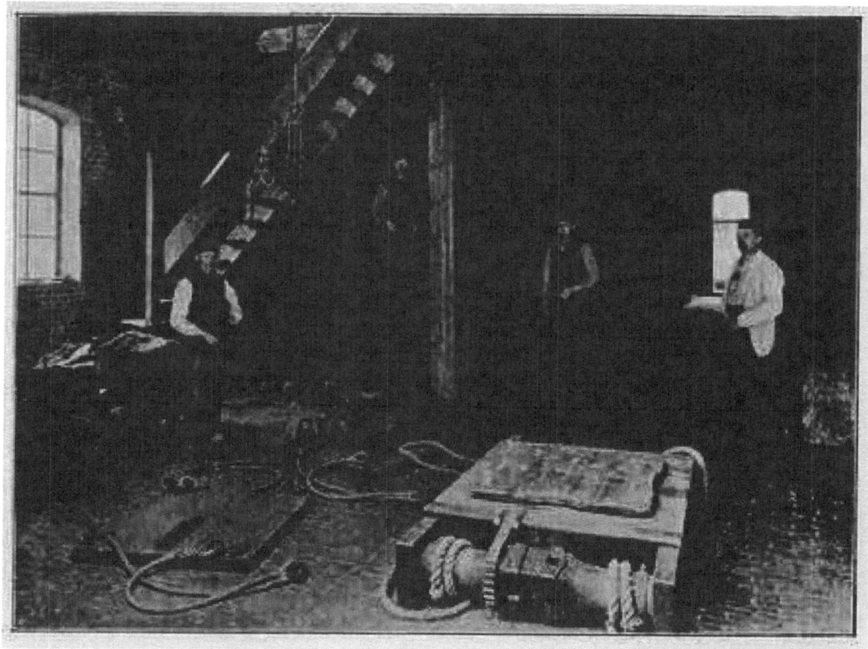

Fig. 3. Eine Fermentationsscheune des Herrn Herschel in Amersfoort.

In Wageningen hat man die Erfahrung gemacht, dass Tabak aus der Veluwe wohl, der aus der Betuwe nicht diese Insekten bei der Gährung zeigt.

Ein Haufen bleibt ungefähr 3 oder 4 Monate in Gährung, doch wird während dieser Zeit meistens 3 mal umgesetzt, wodurch die äusseren Teile, welche frei an die Luft grenzen, sich auch an der Brühung beteiligen können.

Eine bestimmte Regel ist hierfür nicht anzugeben, die Erfahrung ist die beste Lehrerin. Ein Haufen von 20000 Pfund Bestgut von der Veluwe, von einem mit Schafsmist gedüngten Acker, wird, nachdem er 4 Wochen gestanden hat, umgesetzt. Dieses Umsetzen, womit 5 Personen 2 bis 3 Tage beschäftigt sind, geschieht meisten 3-mal. Erd- und Sandgut aus der Betuwe (Valburg 60000 kg. Kuhmist per ha., ± 200 Gulden an Wert) wird gleichfalls 3-mal umgesetzt. Doch braucht man 4 Monate, um die Gährung zum erwünschten Ziel zu bringen.

Gemischte Haufen, das sind Haufen, welche Tabak von verschiedenen Gegenden, Sandgut, Erdgut, Bestgut oder Geizen enthalten, brauchen eine nicht zu bestimmende Gährungszeit, die Erfahrung muss dies entscheiden. Einige Male geschieht es wohl, dass Tabak schwer oder gar nicht zum Gähren kommt (Erd- und Sandgut von 94 und 96); dies werde ich sofort erklären.

Zu gleicher Zeit glaube ich unsern Tabakspflanzern und Händlern eine Mitteilung machen zu müssen, die vielleicht Veranlassung zu einem Versuche geben könnte. Die Vermutung liegt nämlich nahe, dass ein hoher Stickstoffgehalt des Tabaks die Gährung zwar nicht bedingt aber doch stark dazu beiträgt. Durch das Hineinbringen von gewöhnlichem Klee (Trifolium pratense) zwischen die Haufen sollte sie zu erreichen sein. Man weiss, dass die Leguminosen stickstoffreich sind.

Wenn die Gährung beendigt ist, werden die Büschel zu schmalen Reihen angehäuft. Hierdurch beugt man der Nachgährung soviel wie nur möglich vor.

Bei einer Gelegenheit, wo ein Haufen zum zweiten Male umgesetzt wurde, nahm ich auf ungefähr 60 cm. Tiefe eine Temperatur von 56° C. wahr. Der Wassergehalt der Blätter war etwa von 25-35 %, welcher natürlicherweise wechselt mit dem kürzeren oder längeren Stand des Haufens. Im Algemeinen kann festgestellt werden, dass Tabak, welcher im Dezember oder Januar gekauft wurde, nach der Brühung 6 % an Gewicht verloren hat. Bei der Fermentation findet also Verlust an Gewicht statt.

Beim Umsetzen des Haufens zeigte sich deutlich ein honigsüsser, etwas prickelnder Geruch, zugleicherzeit stieg ein feuchter Dunst empor, der als Dampf sichtbar war.

Lackmuspapier, rotes und blaues, und ebenso Curcumapapier zeigten, nachdem sie eine halbe Stunde zwischen den feuchten Blättern auf gut 1/2 m. Tiefe gelegen hatten, keine Reaktion, sodass man als sicher annehmen darf, dass dieser Haufen im Augenblicke der Gährung neutral reagierte. Dies ist jedoch nicht immer der Fall. Tabak aus der Betuwe entwickelt kein oder sehr wenig Ammoniak, der von der Veluwe hingegen liefert als Zersetzungsprodukt Ammoniak. Später werden wir sehen, dass auch hier Bakterien Ursache davon sind, und dass dies durch künstliche Impfung entsteht. Es gelang mir, einige dieser Ammoniakbilder zu isolieren. Nach diesen wenigen vorhandenen Angaben, ist die Vermutung berechtigt, dass in unsern überseeischen Besitzungen sich Mikroben finden werden, die ihre eigenen Zersetzungsprodukte bilden; wir sahen ja in dem Augusthefte der Monatsschrift »de Natuur«, dass Hansen »Gährungszellen« gefunden hat, die in kleinen Entfernungen von Baumschule zu Baumschule übersiedeln konnten, und auf der Oberfläche süsser, saftiger Früchte lebten und Umsetzungen vollzogen[D].

Bei einigen Tabakgährungen wird angegeben, dass Kohlensäure entsteht, aber es ist mir nicht gelungen, in den gährenden Haufen oder im Raume der Scheunen einen höheren CO_2-Gehalt der Luft darzuthun als in der umgebenden Aussenluft. Auch die Versuche in den V-förmigen Gährungsröhren gaben dies zu erkennen. Glaubwürdige Mitteilungen, dass bisweilen CO_2 entsteht, würden einen Beweis mehr liefern: *dass Tabaksarten von bestimmten Gegenden von bestimmten Bakterien beeinflusst werden und ungleiche Zersetzungsprodukte abgeben.*

Mutmasslich jedoch wird zu einer bestimmten Zeit im Haufen CO_2 entstehen können. Wenn sich zugleicherzeit NH_3 bildet, so werden beide im Status nascens ein Salz liefern. Das Gas hat also keine Gelegenheit zu entweichen. Bei einem gährenden Haufen haben wir es wahrscheinlich mit Anaëroben zu thun, es sei fakultativen oder obligaten, oder mit obligaten Aëroben.

Was den chemischen Teil betrifft, so finden wir einen grossen Unterschied in der Zusammensetzung des Tabaks beim Anfange und beim Ende der Gährung. Allen stattfindenden Zersetzungen nachzuforschen ist unmöglich bei dem gegenwärtigen Stand der analytischen Chemie; wir haben es nicht nur mit Lebensprozessen zu thun, sondern auch mit den Umsetzungen der Stoffe, welche vom Leben herstammen. Von einer Tabaksart fand ich die folgende Analyse, welche gemacht war vor und nach der Fermentation (Behrens).

V = trockne, sandfreie Blätter vor und N = die Blätter nach der Fermentation.

	V.	N.
Totaler Stickstoffgehalt	3.09 %	3.24 %
Eiweissstickstoff	1.30	1.36
Nicotin	1.464	1.075
Ätherextract	9.41	8.34
Darin anwesende Säure,		
als Milchsäure berechnet	0.446	0.450
Organische, nicht flüchtige Säure,		
als Apfelsäure berechnet	16.81	14.45
Mit Wasserdampf flüchtige Säuren,		
als Buttersäure berechnet	0.124	0.299

Reduzierender Zucker, nach		
Klärung mit Bleiessig	1.26	0.
Salpetersäure (N_2O_5)	0.201	0.
Schwefelsäure (SO_3)	2.147	2.201
Sandfreie Asche	19.83	21.01

Unter dem Einflusse verschiedener Düngerarten und verschiedener Mikroben, die bei der Gährung wirksam sind, variiert die Analyse. Nach den Personen, welche sich bei uns mit der Fermentation beschäftigen, sollte der Veluwer Tabak durch die Düngung mit Schafsmist nicht selten viel NH_3 entwickeln, was natürlich den Stickstoffgehalt beeinflusst. Nach obiger Analyse sinkt der Nicotingehalt, jedoch nicht durch Verflüchtigung des Alcaloids, da der totale Stickstoffgehalt ungefähr konstant bleibt. Nicht unwahrscheinlich werden bestimmte Mikroorganismen sich daran beteiligen.

Dass das Nicotin auf niedrige Organismen bisweilen nicht als Gift wirkt, lehrt die *Botrytis cinereae*, welche lebt und sich vermehrt in einem Nahrungsboden, welcher dieses Alcaloid enthält.

Die Versuche, welche ich mit den Reinkulturen der NH_3-Bildner nahm, deuten darauf hin, dass höchstwahrscheinlich das N von dem Eiweiss (Protoplasma) herstammt. Es ist mir jedoch später gelungen, die Nitrate, Asparagin und Ammoniumsalze derartig zu ändern, dass NH_3 als Zersetzungsprodukt auftrat. Das Asparagin, die Amido-Apfelsäure, ist nach der Fermentation des Tabaks nicht mehr zu finden und hat sich also auch an den Zersetzungsprozessen beteiligt.

Aus diesen Betrachtungen erhellt, welche tief eingreifende Veränderungen bei der Gährung stattfinden. Muss man jetzt noch daran zweifeln, dass durch die Gährung neu gebildete aromatische flüchtige und nicht flüchtige Körper entstehen, welche dem Tabaksblatte eine gute oder weniger gute Qualität verleihen? Die Gährung nimmt ihren Verlauf, abhängig von den anwesenden Mikroorganismen. Sie werden einen biologischen Prozess hervorrufen, abhängig von dem Boden, der ihnen zur Nahrung dient. Dort, wo beide, oder eins von beiden, verschieden sind, muss auch das Endprodukt der Wirkung verschieden sein.

Ich zweifle nicht daran, dass die Reinkulturen, welche von edeln Tabaksarten gezogen werden, unsern einheimischen Tabak verbessern, wenn sie auf denselben geimpft werden. Im folgenden bakteriologischen Teil werde ich den experimentellen Beweis liefern, dass Mikroorganismen, die Bakterien, die bedeutendste Funktion bei der Gährung erfüllen.

Bakteriologische Untersuchungen.

Die Untersuchungen der Fermentation und besonders das Suchen nach den Bakterien, die hierbei funktionieren, sind Untersuchungen, die viel Zeit kosten. Wenn wir bedenken, dass das Tabaksblatt nach der Entfaltung der Knospe der Luft ausgesetzt ist und immer die Einflüsse der Witterungszustände erfährt, wobei die an Bakterien reiche Luft dieselben oder die Sporen der Mikroorganismen auf dessen Oberfläche deponiert, wenn wir bedenken, dass der Staub in den Scheunen sehr reich ist an Mikroben, dann brauchen wir uns nicht mehr zu fragen, wie es kommt, dass beim Anlegen der bakteriologischen Kulturen so viele Arten von Organismen gefunden werden. Um zu einem Resultate zu gelangen, sind Hunderte von Kulturschälchen von mir angelegt worden und eben so viele Teilungs- oder Trennungskulturen um zu entscheiden, ob die Reinkulturen auch »rein« seien. Zuallererst suchte ich nach Hefen, doch diese Untersuchungen erwiesen sich bald als fruchtlos. Weder die sofort angestellten mikroskopischen Untersuchungen noch die Malzgelatine zeigten mir das Erscheinen von Hefenarten bei dieser Fermentation. Dann wurden Versuche mit der alkalischen Gelatine gemacht. Der ungebrühte Tabak wird in kleine Stücke geschnitten und in gut schliessenden gläsernen Schälchen zusammengepresst. Der also zubereitete und mit sterilem Wasser angefeuchtete Tabak wird mit einer Bleischeibe beschwert und mit einigen andern Schälchen in eine Glasglocke gebracht (fig. 4, D).

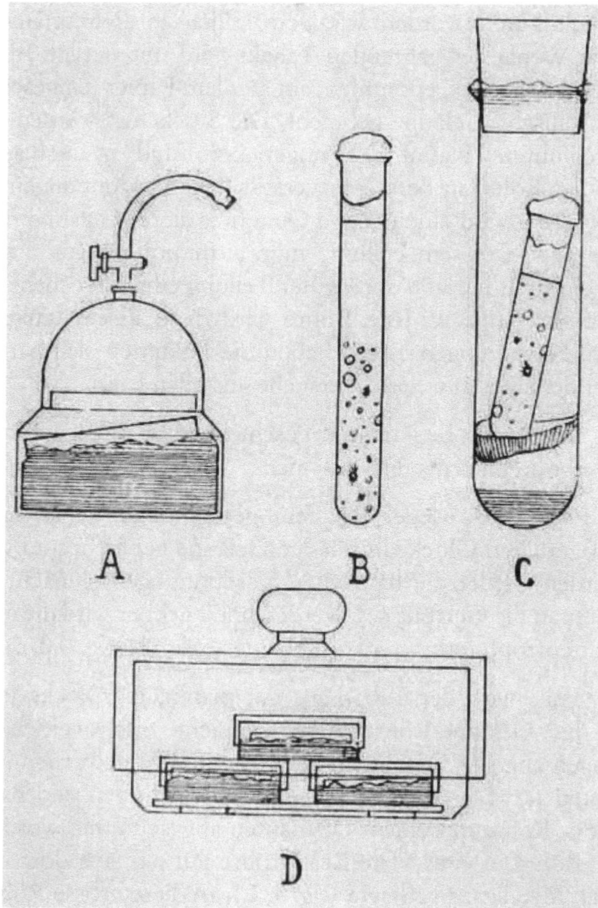

Fig. 4. Versuchsanordnungen, welche die Methode, um die Aëroben und Anaëroben zu züchten, angeben.

Ein andrer Teil des grob geschnittenen Tabaks wird in eine Glasglocke gebracht, deren oberer Teil hermetisch an den unteren Teil schliesst und deren Deckel obendrein noch mit einer gläsernen Röhre und einem Hahn mit der Aussenluft correspondiert. Auch dieser Tabak ist angefeuchtet und mittels einer Bleischeibe beschwert. Von einer Wasserstrahlluftpumpe, verbunden mit Manometer, wird die Luft herausgesogen und Wasserstoffgas hineingebracht. Dies wird einige Male wiederholt, um die Gewissheit zu erhalten, dass alle Luft ausgetrieben ist, schliesslich ist und bleibt die Glocke mit Wasserstoff angefüllt, damit die Anaëroben die Gelegenheit haben, sich zu entwickeln (fig. 4, A). Wie die Schälchen wird auch diese Glocke in einen Brutschrank bei 40° C. gestellt. Nach Verlauf einiger Tage ist am Geruch merkbar, dass die Gährung angefangen hat.

Die Aërobenkulturen werden wie gewöhnlich in Petri'schen Schälchen angelegt. Ein Wenig des gährenden Tabaks wird mit sterilen Instrumenten aus einem der Schälchen genommen, auf sterilem Papier feingeschnitten und in flüssige alkalische Gelatine gebracht. Die Stückchen werden tüchtig mit einer ausgeglühten Platinnadel abgerieben und gleichmässig durch Schwenken der Röhre in derselben verteilt. Um Verdünnungen von dieser Röhre zu machen, wird eine geringe Quantität dieser Gelatine mittels einer Platinspirale, die in diesem Falle 50 mgr. aufnimmt, in eine zweite Röhre hineingebracht, und hiervon nach guter Teilung eine oder mehr Spiralen in eine dritte Röhre u. s. w. Jede Röhre wird dann in ein Kulturschälchen ausgegossen. Nach einigen Tagen haben die Bakterien sichtbare Kolonien gebildet, mit denen man weitere Versuche anstellen kann.

Die Anlage der Anaërobenkulturen geschieht in anderer Weise, und zwar nach der Methode Liborius und Buchner.

Im ersten Falle wird wieder der fein geschnittene Tabak aus der mit Wasserstoff gefüllten Glocke in flüssige Gelatine gebracht und verteilt, und hiervon werden wieder die nämlichen Verdünnungen gemacht. In kaltem Wasser lässt man die Gelatine fest werden und nachher wird die ganze Röhre bis zum Wattepfropfen mit steriler Gelatine angefüllt (fig. 4, B).

Im zweiten Falle wird der Tabak aus der nämlichen Glocke in derselben Weise in die Gelatine-Röhre hineingebracht und werden gleichfalls Verdünnungen angelegt. Nachdem die Gelatine fest geworden ist, wird der Wattepfropfen fast bis zum Gelatine-niveau geschoben und nachdem der obere Teil der Röhre mit einem Diamanten abgeschnitten worden ist, wird diese kurze Röhre in eine weite Reagirröhre auf ein sich dort befindendes kleines Stück Metallgaze gebracht (fig. 4, C). In diese grosse Röhre ist unter das Drahtnetz, welches der Kulturröhre zum Ruhepunkt dient, 2 Gramm Pyrogallol gebracht. Wenn dies alles fertig ist, lässt man mit einer Pipette 10 cm^3 von einer 1 % KOH-lösung in die weite Röhre hinein fliessen und schliesst dann sofort die Röhre mit einem gut schliessenden Kautschukstöpsel, der obendrein noch mit Paraffin umgeben wird.

Nach beiden Methoden gelangen die Anaëroben zum Wachstum und bilden, obgleich langsam, gut sichtbare Koloniën. Damit man hiervon Impfungen machen kann, wird die Gelatineröhre an denjenigen Stellen mit einem Diamanten durchschnitten, an denen man die Kolonien mit einer Nadel erreichen kann. Auch diese Impfungen, Strich- oder Stichkulturen, geschehen derartig, dass entweder durch das Aufgiessen von Gelatine oder in der genannten Weise mit alkalischer Pyrogallollösung die Anaëroben sich in dem sauerstofffreien Raum entwickeln können. Auf diese Weise habe ich eine Anzahl Versuche gemacht, und als sich ergab, dass die Anaëroben fakultative Anaëroben waren, wurden die Versuche mit der alkalischen

Gelatine in Petri'schen Schälchen fortgesetzt. In der Zwischenzeit, im Winter von 96-97, wurde mir, wie beschrieben ist, durch chemische Analyse bekannt, welche Stoffe bei der Fermentation angegriffen wurden. Damals ist der Nährboden, wie folgt, von mir geändert worden:

alkalische Gelatine (Koch)	100
Kalium-nitrat	0.2
Asparagin	0.1
Glycerin	1.5
Glucose	0.5
Nicotin	Spuren.

Auf diesem Boden entwickeln die Kolonien sich schneller und in grosser Menge. Ein Beweis, wie nützlich es ist, eine Untersuchung, welche ursprünglich nur die Gährung betraf, auf ein völliges Studium des Tabaks auszudehnen.

Bei der Untersuchung der Platten zeigen sich noch eine Menge Schwierigkeiten, welche zu Irrtum Veranlassung geben könnten. Sehr verführerisch scheinen die Verdünnungsplatten, auf denen sich 10 oder 20 Kolonien zeigen, die makroskopisch gleich aussehen und doch nicht bei der Gährung funktionieren: ich betrachte dieselben entweder als zufällige örtliche Verunreinigungen in dem gährenden Tabak, oder als Kolonien, welche durch Teilung einer Bakterienkette während der mechanischen Behandlung beim Anlegen der Kulturen entstehen. Im ersteren Falle finden sich doch im gährenden Tabak die Lebensbedingungen für eine bestimmte Bakterienart; es ist dort, dass sie örtlich zur Entwicklung und Vermehrung kommen.

Dergleichen Erscheinungen beim Anlegen der Kulturen erschweren die Untersuchungen. Auch später fand ich bei den Untersuchungen der lebenden Blätter, dass ihre Oberfläche durch das Wachstum bestimmter Bakterienarten eingenommen wird (Rhizobium Frank u. a.). Auch hier scheint also auf der Blattoberfläche der Kampf ums Dasein zu bestehen. Nicht selten gelang es mir, von den Blättern die nämlichen Arten zu isolieren. Der Gebrauch starker Verdünnungen ist bei Untersuchungen wie diese Hauptsache. Ein Quantum gährenden Tabaks, welches noch nicht die Oberfläche von einem Gulden einnahm, brachte in einzelnen Fällen tausende Kolonien zur Entwicklung. In einem zuerst angelegten Petri-

Schälchen berechnete ich einmal 40.000 Kolonien, ein Beweis, dass Verdünnung das angezeigte Mittel ist, Ordnung in das Chaos zu bringen.

Von dem Tabak, welcher in den Schälchen und in der Glocke zum Gähren gebracht wurde, wurden einmal die Woche, neun Wochen lang, die Kulturen angelegt. Dadurch, dass eine grosse Menge Platten auf diese Weise untersucht wurden, war es nicht schwer, diejenigen Kolonien zu isolieren, welche schon in grosser Masse anwesend waren. Besonders in den ersten Wochen zeigten sie sich in wachsender Anzahl und verursachten deshalb nicht selten, dass die Platten ganz sich verflüssigten, ungeachtet der starken Verdünnungen, auf die man soviel Sorgfalt verwendet hatte. In derselben eben beschriebenen Weise wurden in Wageningen die Kulturen angelegt.

Fast nie fehlte der *B. mycoides* und der *B. subtilis*; beide sind streng aërobe Bakterien. Ersterer bildet NH_3 aus Eiweiss, doch lebt nur in O-haltigen Räumen, der zweite könnte gleichfalls bei der Gährung die Rolle spielen, dass er daran mitarbeitet dem Haufen die nötige Temperatur zu geben. Der *B. subtilis*, der nach Cohn die Brühung des Heus und des Stalldüngers verursacht, könnte gleichfalls in dem bereit stehenden Haufen den noch anwesenden freien O verbrauchen.

Wenn also in dieser Weise die Lebensbedingungen auch für die Anaëroben geschaffen werden, wird sich die Temperatur durch die biologischen Prozesse der Mikroben zu jener Höhe steigern, die im gährenden Haufen beobachtet wurde. Jedoch muss hier wieder bemerkt werden, dass immer fakultative Anaëroben aus den Kulturen von mir isoliert worden sind, die also zusammen mit dem *Mycoides* und *Subtilis* erst den Sauerstoff verbrauchen, um später getrennt von diesen letzeren Mikroben, welche streng aërob sind, ihre Lebensfunktionen fortzusetzen. Durch den Einfluss dieser fakultativen Anaëroben bekommt der Tabak sein Arom, insofern wir bei unserm holländischen Tabak davon reden können.

Bei der Fermentation haben wir also zu thun mit Zersetzungen, nicht hervorgerufen durch chemische Agentien, sondern durch einige Mikroorganismen. Dass die von mir isolierten Mikroben eine entschiedene Wirkung ausüben, stimmt mit meinen letzten Untersuchungen, die noch im Monat September des Jahres 1897 gemacht worden sind, überein. Alsdann ist es mir gelungen, als ich nach der Ursache der Mosaikkrankheit suchte, von der Epidermis der lebenden Blätter, Bakterien zu isolieren, welche denjenigen, die ich in grosser Zahl aus dem gährenden Haufen in Kultur brachte, völlig glichen. Sie fanden sich auf jenen Blättern nicht als latente Mikroben, als Sporen, sondern in vegetativen Formen als »Örtliche Kulturen«. Hierdurch auch zeigten meine Kulturplatten jenen Reichtum, nicht an Arten, sondern an »Reinkulturen«. Die Bakterien, die ich im Allgemeinen im gährenden Tabak fand, sind, ausser den genannten *Mycoides* und *Subtilis*, Mikroben, welche ich in »Flügges« System in die Gruppe der *Subtilis* und *Proteus* bringe.

In Figur 5, I-V sind deren Kulturen, in Gelatine, auf Agar und Kartoffel wiedergegeben, ebenso die Form der Bakterien und der Kolonien in den verschiedenen Stadien ihrer Entwicklung. Ich nenne die funktionierenden Bakterien: *Bacillus Tabaci I, II*, u. s. w.

Wie die Figur zeigt, haben die Gelatine-Stichkulturen I*a* und IV*c* nebst VI*a* mit B. anthracis (zur Vergleichung) grosse Ähnlichkeit; gleichfalls die Kulturen auf Kartoffel von I*c* und II*c*, wobei erstere hell rosa und feinkörnig, letztere milchweiss und schwer gefaltet ist. Weiter zeigen die Strichkulturen auf Gelatine von IV*b* und V*a* Übereinkunft in den Ausläufern, welche federartig sind; bei IV*b* liegen sie auf der Gelatine und durchdringen dieselbe, bei V*a* liegen sie besonders regelmässig nur auf der Gelatine. Alle von I-V sind Stäbchen oder *Bacillen*. Von den Eigenschaften der Kulturen I, II und IV nenne ich die Bildung von NH_2 aus Eiweiss. Ebenso wie der *B. Mycoides*, ist der *B. Tabaci I, II* und *IV* im Stande, die Eiweisse, Peptone und den sterilen Tabak derartig zu zersetzen, dass NH_3 entsteht. — Es sind Aëroben. —

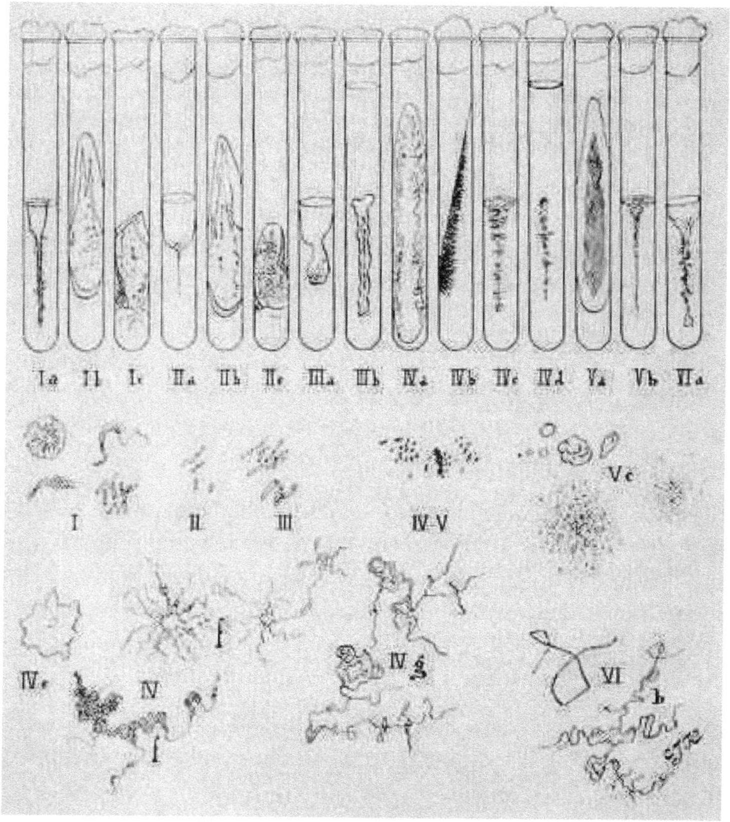

Fig. 5. (I-V) Reinkulturen der Bakterien, welche allgemein in gährendem Tabak angetroffen werden und wobei die *B. T. I* und *III* die Hauptrolle spielen. VI zur Vergleichung *Bacillus anthracis.*

Der *B. Tabaci III* bewirkt den neutralen Verlauf der Gährung; dabei wächst er anaërob, doch ist selbst eine fakultativ anaërobe Bakterie. Er besitzt jedoch unter ihren verwandten Formen »Eiweissfermente« und »Saprophyten der Fäulnis«; er bildet weiter 2 Sporen (?) in einem etwas gekrümmten Stäbchen (III), ist nicht beweglich, bildet kein Indol, macht Löfflersche Bouillon trübe, und bildet ein dünnes Häutchen an der Oberfläche. Er verflüssigt die Gelatine, giebt einen dünnen, matt ausgebreiteten Niederschlag auf Agar und eine rahmartige, dicke nicht gefaltete Kultur auf Kartoffel. Dieser *B. Tabaci III* muss in die Gruppe des *Subtilis* untergebracht werden.

Der *B. T. IV* gehört wie der *B. T. I.* zu der Gruppe des »Proteus« und ich betrachte sie als sehr nahe verwandt mit dem *B. Proteus Zopfii.*

Die Entstehung der Kolonien auf und in alkalischer Gelatine ist sehr eigentümlich. In der Figur ist IV*e* und IV*g* die Kolonie, welche an der Oberfläche, IV*ff* dieselbe welche in Gelatine wächst.

Ursprünglich ist diese letztere hellblau von Farbe und geht allmählich in hellgrün über. Es besteht also in diesem Wachstum, mikroskopisch betrachtet, eine Ähnlichkeit mit dem *B. Mycoides*, jedoch bildet *B. T. IV* keine Sporen. Die Kolonie wächst anaërob sehr schwach.

Von der ursprünglich gebildeten Kolonie IV*e* strahlen Bakterienfäden in allen Richtungen aus. An bestimmten Punkten entstehen Tochterkolonien, welche wiederum Fäden aussenden, um neue Kolonien zu bilden, wie IV*f*, *g* zeigt. Auch bei *B. anthracis* wird bekanntlich eine derartige Erscheinung beobachtet, VI*b*.

Höchst wahrscheinlich spielt der verwandte *B. Tabaci V* auch eine Rolle bei der Gährung. In einer grossen Anzahl Platten habe ich ihn gefunden; auch er ist, ebenso wie *B. T. IV*, schwach anaërob und stimmt in vielen Eigenschaften mit diesem überein.

Das Wachstum der Kolonie in der Gelatine zeigt die nämliche Erscheinung wie beim *B. T. IV*. In Unmasse entstehen um die ursprünglich gebildete Kolonie Tochterkolonien, V*c*. Durch eine chemotactische Wirkung des noch unverbrauchten Nährbodens entsteht die concentrische Anordnung der Tochterkolonien, die alle einem einzigen Bakterienfaden, der von der Mutterkolonie radial austritt, ihre Entstehung verdanken.

In groben Zügen ist dies die Beschreibung der Mikroben, welche die Gährung unseres Tabaks verursachen. Später komme ich hierauf ausführlich zurück.

Die Erscheinung, dass der Betuwer Tabak weniger NH_3 bildet, muss höchstwahrscheinlich der geringen Anwesenheit des *B. T. I, II, IV* oder *V* zugeschrieben werden, da der *B. Mycoides* allgemein verbreitet ist. Wenn der Betuwer Tabak künstlich mit *B. T. I, II, IV* oder *V* geimpft wird, entsteht im Anfange der Gährung reichlich NH_3.

Es zeigte sich in den Jahren 1894 und 96 (Tabak von 94 und 96), dass das Erd- und Sandgut nicht brühen wollte, während das Bestgut, welches zuletzt gepflückt worden war, sich nicht so hartnäckig erwies. Es muss hierfür eine Ursache vorhanden sein. Es fiel mir auf, als ich in den Monaten August und September des Jahres 1897 die lebenden Blätter untersuchte, dass der *B. T. I, IV* und *V* fast immer von mir gefunden wurden, während ich sie nicht auf den jungen Blättern im regnerischen Monat Juni fand.

Alle Bakterien, welche auf die Blätter fallen, kommen von der Erdoberfläche und werden durch Luftströme darauf gebracht. Im Anschluss an meine Untersuchungen der Luft, die ich früher mitgeteilt habe, ist die Luft am ärmsten an Keimen, wenn der Boden nass ist. Desshalb vermute ich, dass die regnerischen Sommer von 94 und 96 einen nicht geringen Anteil an dem trägen Verlauf der genannten Gährung gehabt haben. Die Tabakspflanzer und Fermentierer sollten künftighin darauf achten. Das Bestgut, welches länger der Luft ausgesetzt war, hat auch besser Gelegenheit gehabt, während der verschiedensten Witterungszustände mehr Bakterien auf seinen Blättern festzuhalten.

Hiermit am Ende dieser Arbeit, habe ich Veluwer Tabak von einer Sorte in gläsernen Schälchen sterilisiert, mit den Kulturen *B. T. I, II, III, IV, I + II, I + III* u. s. w. geimpft, mit einer Bleischeibe beschwert und langsam auf eine Temperatur von 40° C. gebracht. Die Gährung habe ich reichlich 6 Wochen ihren Verlauf nehmen lassen und dann gehemmt. Die Reaktion wurde stets kontrolliert und in Übereinstimmung gefunden mit dem, was schon beschrieben worden ist.

Dann habe ich unparteiisch diesen Tabak von erfahrenen Händlern und Züchtern beurteilen lassen, mit dem Erfolge, dass alle, nl. die Herren A. Herschel in Amersfoort, H. de Hartog und v. Druijnen in Wageningen, Gijsberts Jr., in Valburg und N. v. Os Fz. in Amerongen ohne Zaudern denjenigen Tabak erwählten, welcher geimpft war mit *B. Tabaci I + III*, während ein alter Arbeiter der Impfung mit *B. T. IV* den Vorzug gab und nach dieser gleichfalls die Impfung mit *B. T. I + III* als die beste angab.

Durch die Impfung mit der Reinkultur von *Bacillus Tabaci I + III* erhält der Tabak ein angenehmes, honigsüsses Aroma. Die Zukunft wird zeigen, wie die Gährung unseres Tabaks verlaufen wird, wenn ich diesen mit den

Reinkulturen impfe, welche ich aus unserm indischen und dem Havanna-Tabak isolieren werde. Von der Versuchsstation in Buitenzorg erwarte ich eine Sendung ungebrühten Tabaks edler Arten, und dann hoffe ich später das Resultat dieser Untersuchungen mitzuteilen. Ebenso nehme ich mir vor, *nicht-sterilisierten* Tabak mit Reinkulturen zu impfen.

Krankheiten.

Von einer grossen Zahl Mikroorganismen ist bewiesen worden, dass sie Tier und Pflanze zu infizieren vermögen. Ebenso wie der künstlich präparierte Nährboden sie zur Entwicklung bringen kann, kann das lebende Wesen, sei es Tier oder Pflanze, solches thun. In beiden Fällen wachsen und vermehren sie sich auf Kosten der angebotenen Nahrung; im erstern Falle wird die tote Materie, der Nährboden, im zweiten Falle werden das Gewebe und die Säfte des lebenden Organismus durch ihr Wachstum geändert. Die Änderungen, welche Tier und Pflanze, im ganzen genommen, hier zeigen, treten hervor als »*Krankheitserscheinungen*«.

Man nennt die Mikroorganismen Parasiten, wenn sie sich in oder auf dem lebenden Organismus entwickeln und vermehren, Saprophyten wenn sie auf totem, organischem Stoff leben.

Die Sporen vieler Fungi, Hefen und Bakterien, und auch die nicht Sporenbildenden Formen, können die Gesundheit von Tier und Pflanze also bedrohen und sogar den Tod verursachen, aber die lebenden Wesen sind nicht alle gleich empfindlich für dieselben pathogenen Mikroben.

Meerschweinchen und Kaninchen sind sehr empfindlich für Tuberkulose, weniger ist dies der Fall mit den Feldmäusen, Katzen, weissen Mäusen, Ratten und Hunden, während die kaltblütigen Tiere dem Bacillus tuberculosis gegenüber sogar immun sind (Koch).

Die natürliche und künstliche Immunität kann auf verschiedene Weisen entstehen oder erhalten werden.

In den jüngsten Jahren hat sich herausgestellt, dass, die schon längst bekannte parasitäre Wucherung der höheren Fungi ausgenommen, auch die Bakterien Krankheiten unter den Pflanzen verursachen (*Migula*, *Ludwig Russell*, *Heintz* u. a.), und es würde mich nicht Wunder nehmen, wenn durch die eigentümliche Nahrung (Düngung) unserer Tabakspflanze, wodurch die Gewebe und Säfte einen gewissen Reichtum an bestimmten anorganischen und organischen Salzen erhalten, diese Pflanze, der nachher näher zu beschreibenden Ursache der Mosaikkrankheit gegenüber, nicht so »immunisiert« wäre, wie andere. Verwandte der Familie der *Solanaceae* sind dem das Tabaksblatt krankmachenden Gewebesaft der Tabakspflanze, welche an Fleckkrankheit leidet, gegenüber immun.

Von Pflanzenkrankheiten, die durch Bacterien verursacht werden, sind schon bekannt und beschrieben:

1° der Pear-blight und Apple-blight der Amerikaner,
2° der Hirsebrand,
3° die Bakterienkrankheit des Mais,
4° der Rotz der Hyazinthen,
5° die Nassfäule der Kartoffeln,
6° die Gallenkrankheit der Aleppokiefer,
7° die Gallenkrankheit der Oliven,
8° der gelbe Rotz der Hyazinthen,
9° die Bakteriosis der Weintrauben,
10° die Bakteriosis der Zuckerrüben.
Flügge giebt diese Namen (1-9) in seinem »Mikroorganismen« Bd. I, pg. 418.

Die Folge der Infektion ist bei der Pflanze meistens eine Zellendegeneration, Wucherung oder Sekretion. Sehr wenig Pflanzenvarietäten sind empfänglich für den nämlichen infizierenden Stoff, die meisten sind immun.

Meistens hat man hier die natürliche Immunität in dem Bau der Gewebe zu suchen. Viele Arten von Birnbäumen, welche bei der natürlichen Infection den Geschlechtsorganen entlang resistent sind, können nach Injection in das parenchymatöse Gewebe ebenso gut infiziert werden mit dem *Bacillus Amylovorus* wie die empfindlichen Arten. Durch die mehr oder weniger grosse Festigkeit der Zellenwände wird der Lauf des Infektionsstoffes durch die Pflanzengewebe beherrscht, daher, dass die jüngsten Sprossen bei den Pflanzen die empfindlichsten Teile für die Verbreitung der Krankheit sind (Mosaikkrankheit).

Viele Mikroorganismen weiterhin können sich nicht den sauren Zellensaft entwickeln, während andere darin wohl gedeihen. Bis jetzt ist es aber nicht gelungen, im Pflanzengewebe einen mikrobiciden Stoff zu finden, so wie das »Alexin« von Buchner im tierischen Organismus. Nährversuche, Chlornatrium- und Sulfatinjektionen von mir an gesunden Tabakspflanzen gemacht, werden vielleicht lehren, ob es möglich ist, einen alexin-artigen Stoff aufzufinden oder zu verstärken, welcher den Bakterien der Fleckkrankheit gegenüber baktericide Eigenschaften besitzt.

Eine specifische Immunität, welche nach Heilung einer Infektionskrankheit erhalten werden kann, ist bei der Pflanze noch nicht beobachtet worden. Ein ganzes Feld bietet sich hier der Forschung dar.

Als ich im Sommer 1897 nach der Ursache der Fleckkrankheit bei unserm Tabak suchte, brauchten meine hierzu verwendeten Pflänzchen noch einige Wochen um sich kräftig zu entwickeln. In jener Zwischenzeit wurde der »Rost« des Sumatra-Tabaks mikroskopisch von mir untersucht. Dass das unerwünschte Hervortreten dieser Flecken bei jenem Tabak nicht ohne Wichtigkeit ist, ergiebt sich aus dem Wert der von mir empfangenen Blätter, der von *f* 0.35 bis *f* 0.40 per lb betrug, während bei Abwesenheit dieser zahlreichen grösseren und kleineren Flecken der Wert mit *f* 4.— bis *f* 4.50 angegeben wird.

Unter dem Namen »Rost« oder »Bunt« werden eine Anzahl Krankheiten der Tabaksblätter zusammengefasst, welche alle darin mit einander übereinstimmen, dass sie sich als Flecken zeigen, die aber im Ursprung völlig von einander verschieden sind. Was man hier in Holland »Roest« oder »Brand« nennt, ist meistens die Krankheit, welche auch wohl mit dem Namen »Mosaikkrankheit« bezeichnet wird. Auf den frischen Blättern findet man mosaikartig abwechselnde helle und dunkle Flecken; letztere haben ein stärkeres Wachstum, die Zellen der dunkelgrünen Flecken sterben später und letztere werden dann braungelb wie das tote Blatt. Die unregelmässigen Windungen der Blattoberfläche entstehen durch das ungleiche Wachsen der verschiedenen Teile; dadurch bekommt jene ein höckeriges Ansehen. Die Narben und Närbchen laufen durch jene Flecken mit einer rein hellgrünen Farbe wie Kanälchen weiter. Örtlich liegen die dunkelgrünen Flecken ursprünglich immer zwischen den kleinen Narben oder in den Ecken derselben. Nach dem Trocknen und der Fermentation ist das Blatt derartig gefleckt und spröde, dass es keinen Wert mehr hat, es sei denn, dass man schwach gefleckte Exemplare noch so viel wie möglich heraussucht.

Bei unserm Sumatra-Tabak entstehen die Flecken und Fleckchen durch verschiedene Ursachen. Es ist bekannt, dass durch das Stieben des Sandes oder durch Thau oder Regentropfen nach kräftigem Sonnenschein sich Fleckchen bilden; im ersteren Falle ist die mechanische Wirkung des Sandes, im letzteren Falle sind die als Linsen wirkenden Tropfen schuld daran.

Mikroskopisch sieht man den Unterschied zwischen hier und der Wucherung der Fungi. Auf folgende Weise gelang es mir, sehr deutliche Präparate der trocknen Blätter zu bekommen.

Zuerst wird ein gefleckter Teil einige Minuten in KOH schwach erhitzt, dann gut in Wasser ausgespült und nachher mit Essigsäure neutralisiert; auf die nämliche Art werden die Querschnitte behandelt. Bei 100 maliger Vergrösserung ist das Blatt noch durchsichtig und können an vielen Stellen Myceliumfäden oder Hyphen beobachtet werden. Viele dieser Hyphen finden durch die Spaltöffnungen ihren Weg in die Blätter. In einigen Fällen konnte ich in diesen Flecken Stärkemehl auffinden, woraus sich folgern lässt, dass unter dem Einflusse der krankhaften Beschaffenheit die früher beschriebene Wandlung von Amylum in Dextrose im sterbenden Blatte, also unmittelbar nach dem Pflücken, nicht stattgefunden hat; es sind also diese Fungi saprophytisch aufgetreten.

Hier und da sah ich braune Hyphen, welche Sporen bildeten. Es stellte sich heraus, dass sie zu *Cladosporium* gehörten; an einer andern Stelle fand ich ein

Macrosporium, einen Pilz, der ebenfalls in der Lebensweise dem *Cladosporium* verwandt ist. Diese Fungi entwickeln das Mycelium in dem Gewebe der toten Pflanzen und senden dann Hyphen aus; es sind gewöhnlich Saprophyten, aber sie werden auch auf Blättern, Stengeln und Halmen von reifem Getreide gefunden. Der Freundlichkeit der Herren Prof. Ritzema Bos und Prof. C. A. J. A. Oudemans verdanke ich es, die Namen der gefundenen Pilze mitteilen zu können; höchstwahrscheinlich haben dieselben sich saprophytisch auf den sterbenden Blättern entwickelt: *Phyllosticta Tabaci Passerini*, *Cladosporium herbarum Link*, *Macrosporium commune Rabenhorst.*

Die Bibitkrankheit des Tabaks auf Sumatra's Ostküste, welche zuerst im Jahre '89 beobachtet wurde, wird nach einem vorläufigen offiziellen Bericht von Dr. van Breda de Haan (1893) gleichfalls von einem Pilz verursacht (*Peronosporeae*).

Derselbe Autor (1896) erwähnt eine Krankheit im Delitabak, welche durch das Tabaksälchen verursacht wird. Als Ursache der Flecken auf unserm Tabak, ausgenommen diejenigen, welche von der Mosaikkrankheit hervorgerufen werden, kann genannt werden *Phyllosticta Tabaci.* Hierbei erscheinen die Blätter durch die Anwesenheit zahlreicher heller Stellen gefleckt, welche später austrocknen und weiss werden; an einzelnen Punkten sind nicht selten *Pycniden* als kleine schwarze Pünktchen sichtbar.

Wenn *Ascochyta Nicotianae*, gleichfalls ein Pilz, Ursache der Erkrankung ist, so zeigen sich trockne, braune Flecken von unregelmässiger Form.

Ebenso entstehen Flecken durch *Thrips Tabaci*, ein kleines Insekt, das höchstens 1 mm lang ist. Man sieht hierbei schmale, bandförmige, weisse Flecken an der Mittelnarbe und entlang den Seitennarben. Hier hat das Insekt die eine Oberhaut und das Blattparenchym bis auf die unterste Oberhaut weggefressen.

Ganz anders ist bei unserm Tabak die Ursache der Fleckkrankheit, die mehr speziell *Mosaikkrankheit* genannt wird.

In »de Tabaksteelt« von H. Hartog (Haarlem 1889) wird mitgeteilt, dass der in Holland bestehende »Roest« durch einen Pilz verursacht wird; von Fleck- oder Mosaikkrankheit ist nicht die Rede.

In »Die landwirthschaftlichen Versuchs-Stationen«, Berlin 1885, macht Prof. Adolf Mayer die erste Mitteilung über die Mosaikkrankheit. Mit vielem Scharfsinn beobachtete er die Erscheinungen und gab als seine Vermutung zu erkennen, dass höchstwahrscheinlich Bakterien die Ursache davon sein sollten.

In »Die schädlichsten Insekten des Tabaks in Bessarabien«, Moskau 1888, beschreibt Dr. K. Lindeman eine Krankheit, die mit unserer Fleckkrankheit viel Übereinkunft zu haben scheint. In Russland ist sie sehr verbreitet und verursacht viel Schaden.

Im Laufe des Sommers 1897 habe ich persönlich bei unsern Tabakspflanzern über die Mosaikkrankheit viele Erkundigungen eingezogen und die sonderbaren Erscheinungen dabei beobachtet. Die Pflanzer teilten mir mit, dass diese gefürchtete Krankheit laut Überlieferung nicht abnimmt, sondern sich stärker ausbreitet. Sowohl in der Betuwe, wie auf der Veluwe heischt sie ihre Opfer. In Elst in der Betuwe und zwar auf »de Vergert« traf ich einen kleinen Acker (Wittwe Jansen), der so weit die Erinnerung reicht, niemals kranke Exemplare hervorgebracht hat. Die Düngung geschieht da mit Kuhmist wie auf vielen andern Feldern.

Wenn man nach der mutmasslichen Ursache der Fleckkrankheit fragt, sind die Antworten sehr verschieden und können zunächst keine Veranlassung zum Stellen einer Hypothese geben. Die bedeutensten Züchter aber, und unter ihnen finden sich sehr gebildete Leute, die mit grossem Interesse auf alle Einzelheiten aber auch auf für sie gleichfalls unerklärliche Sachen hinweisen, haben mir solche Auskünfte gegeben und solche abweichende Krankheitsbilder gezeigt, dass ich im Stande bin, hier eine vorläufige Mitteilung über die mutmassliche Ursache der Mosaikkrankheit zu machen.

Wie ich schon sagte, sind die Antworten sehr verschieden. Der eine Züchter sucht die Ursache in der weniger guten oder schlechten Düngung, wodurch die Pflanze durch unzureichende Nahrung krank wird und dadurch Flecken auf ihren Blättern zeigt.

Ein anderer meint, der Witterungswechsel habe schuld daran. Oftmals zeigen die Blätter, z. B. nach kalten Nächten, dunkelgrüne Flecken »Kopbont« wie man sagt. Wenn diese Erscheinungen sich nur schwach offenbaren, verschwinden die Flecken allmählich wieder.

Ein dritter vermutet, der Zustand des Bodens, eine grosse Feuchtigkeit, rufe die Fleckenkrankheit hervor.

Ein vierter glaubt sicher, dass ein ihm unbekannter Zustand des Samens und dessen Herkunft einen nicht geringen Anteil habe.

Noch andere nehmen ihre Zuflucht zu übernatürlichen Kräften, und erwähnen Personen, welche keine glückliche Hand beim Pflanzen der jungen Pflänzchen haben. Einer der Arbeiter erhielt sogar den Namen »Jantje Bont« (Mayer).

Ferner misst man einigen Frauen eine Kraft bei, die eine derartige Wirkung auf die Pflanzen hat, dass die Fleckkrankheit entsteht.

Die Düngung mit Taubenmist und mit menschlichen Faeces, wird auch nicht selten herbeigezogen, als sollte dies die Krankheit hervorrufen.

Grössere Bedeutung muss folgendem beigelegt werden:

Die Krankheit dehnt sich immer mehr aus; wenn sie einmal auf einem Felde ist, so bleibt sie da. Ich sah Felder in der Nähe von Amerongen, welche die Fleckkrankheit fast Blatt für Blatt zeigten, die grossen Blätter schienen blutübergossen; jedes Jahr findet sich die Krankheit daselbst und Wechselbau alle 4 Jahre hat keine Änderung darin gebracht. Die Pflanzen kamen aus den nämlichen Mistbeeten wie die andern, welche auf dem unmittelbar daran grenzenden Felde standen und nur im geringen Masse die Fleckenkrankheit zeigten. Meine Frage, ob bei einem kleinen Teile (etwa 12 Pflanzen, die zusammen standen), welcher die Krankheit zeigte, im vorigen Jahre auf derselben Stelle die Erscheinung auch beobachtet war, wurde bejaht.

Wenn man eine kranke Pflanze aus dem Boden herauszieht und an derselben Stelle eine gesunde einpflanzt, so zeigen sich etwa nach 4 Wochen auch die Flecken bei den Blättern der letzteren.

Auf neuen in Kultur gebrachten Feldern zeigte sich die Krankheit nicht, wenn auf diese Felder die Mistbeete gestellt waren. Wenn man jedoch Pflanzen einbringt, welche von einem Felde herstammen, auf dem die Fleckkrankheit jedes Jahr erscheint, so ist es sehr wahrscheinlich, dass einige Pflanzen angegriffen werden.

Wenn ein Teil des Feldes oder eines Mistbeetes, das jedes Jahr kranke Pflanzen hervorbringt, 30 bis 40 cm. ausgegraben wird, und wenn Erde von weit entlegenen Feldern oder »Vom Berge« wie man in der Gegend von Amerongen sagt, hier hineingebracht wird, so ist die Mosaikkrankheit vertrieben, und die Pflanzen entwickeln sich normal darauf.

Um die Zeit, zu welcher die letzten Blätter geerntet werden, sieht man, dass die Ausläufer oder Geizen in grosser Zahl die Kennzeichen der Fleckenkrankheit tragen, während die Pflanze früher keine gefleckten Blätter hatte.

Viele geschulte Züchter sagen, die Mistbeete seien schuld an der Fleckenkrankheit. Wenn das Mistbeet angesteckt ist, so erkranken von den 1000 Pflanzen etwa 900 nach der Pflanzung auf das Feld, wenn das Mistbeet nicht angesteckt ist, so werden von 1000 z. B. 100 die Fleckenkrankheit zeigen. Diese letztere Erscheinung, diese niedrige Ziffer, ist der Art, dass man dennoch nicht den Mistbeeten allein die Schuld geben darf; aber daraus erhellt, ebenso wie aus all dem Vorhergehenden, *dass der Boden ein infizierendes Vermögen besitzt*. Sehr bemerkenswert, jedoch nur von einer Wahrnehmung herstammend, ist der Fall, dass nach einer Düngung mit 35000 kg.

Schafsmist, 500 kg. Kainit und 500 kg. Thomasphosphat die Krankheit unter den Pflanzen abnahm und dass das gleiche ein nächstes Jahr wieder beobachtet wurde.

Als ich zu der Überzeugung gekommen war, dass ein infizierendes Etwas vorhanden sein musste, habe ich mit einer Reihe von Pflanzen Versuche angestellt, wobei ich zu folgenden in Kürze angegebenen Ergebnissen gelangte:

1° Bringt man in einem Einschnitt in die Hauptnarbe einer gesunden Pflanze einen kleinen Streifen von einem kranken Blatte (gefleckter Teil).

2° Bringt man den Saft von kranken Blättern irgendwo, gleichviel wo, in das Gewebe gesunder Pflanzen.

3° Bringt man den Saft von kranken Blättern rund um die Wurzel herum, also auf die Erde.

4° Zerreibt man zwischen den Fingern ein krankes Blatt und bringt den feuchten Finger an die Wundfläche eines abgebrochenen Blattes bei einer gesunden Pflanze, so zeigen sich in all diesen Fällen, bei jungen Pflanzen innerhalb 3 bis 4 Wochen, die Flecken an den jüngsten Blättern.

Abwechselndes Wetter, z. B. tagelang Sonnenschein und nachher ein einzelner Regenschauer, ist im Stande, die Flecken rascher entstehen zu lassen und dadurch sichtbar zu machen, jedoch nie früher als innerhalb 14 Tagen habe ich diese Wirkung beobachtet.

Das Kochen und die Papierfiltration entnehmen nach Prof. Adolf Mayer dem Safte das Vermögen zu infizieren. Aus seinen Nachforschungen erhellt, dass weder die chemische Zusammensetzung der Erde eines angesteckten Feldes oder eines angesteckten Mistbeetes, noch die plötzliche künstliche Änderung der Temperatur beim Auspflanzen, noch die Verletzungen oder Verdrehungen der Wurzel die Krankheit herbeiführen können.

Aus einer grossen Menge bakteriologischer Kulturen, welche angelegt waren mit Tabaksaft-Malz-Gelatine, habe ich oft, doch nicht immer, eine Mikrobe isolieren können, welche in der That eine infizierende Kraft besitzt.

Da es sich nun zeigt, dass wir hier mit einem infizierendem Stoff zu thun haben, müssen alle Mittel zu Hülfe genommen werden, die Übertragung desselben zu verhindern.

Es scheint mir nicht unmöglich, (vergleiche sub 4) dass die Personen, welche mit dem Köpfen der Pflanzen und dem Ernten der Blätter beauftragt sind, mit ihren von kranken Blattteilen infizierten Fingern den Ansteckungsstoff auf gesunde Pflanzen bringen können; daher im Spätsommer die zahlreichen

Fälle, wo die Geizen und jungen Blätter die Fleckkrankheit zeigen. Die Gründüngung ist auf Feldern, welche die Mosaikkrankheit zeigen, aus obengenannten Gründen nicht zu empfehlen.

Die mikroskopischen Untersuchungen der kranken Blätter lassen eine Desorganisation des Chlorophyll erkennen, das schliesslich ganz und gar aus dem Zelleninhalt verschwindet. Sehr bemerkenswert sind die kurzen Luftstreifen zwischen den Pallisadenzellen und der linienförmigen Zeichnung der Zellenwand. Myceliumfäden oder Hyphen können es nicht sein.

Da ich im Winter '97 Gelegenheit habe, die Versuche fortzusetzen, hoffe ich später diesen Gegenstand wieder aufzunehmen.

Mittel zur Verbesserung unsres Tabaks.

Aus allen Untersuchungen, die bis jetzt mit Bezug auf die Düngung angestellt worden sind, können keine allgemeinen Regeln mehr abgeleitet werden als die schon angegebenen, die sich hauptsächlich auf den Chlor-, Stickstoff- und Kaligehalt beziehen.

Chloridreiche natürliche oder künstliche Düngstoffe müssen vermieden werden, ebenso ein zu hoher Gehalt an Stickstoffverbindungen. Eine Düngung mit mehr Stickstoff als angezeigt, entwickelt ein dunkelgrünes, fleischiges, lang gedehntes, schmal dicknarbiges Blatt, das sich also nicht zum Cigarrentabak eignet.

Schon Hermbstadt nahm wahr, dass humusreiche Pflanzenerde und Kuhmist den besten Tabak liefern.

Wie ich schon schrieb: Die Tabakspflanze fordert Kalium, viel Kalium!

Die ganze Tabakskultur muss darauf hinzielen, dass sie einen kalireichen Stalldünger bekommt.

In der letzten Zeit hat sich aus Versuchen ergeben, dass die Tabakspflanze viel kohlensaures Kali vertragen kann, mehr als man früher je dachte.

Eine Düngung im Frühjahr sogar mit 1000 kg. kohlensaurem Kali per ha, was man früher nicht zu thun wagte, hat keine schädlichen Folgen gehabt.

Als Versuch sei dies unsern Pflanzern anempfohlen. Die bekannten »Internationale Guano- und Superphosphatwerke« in Zwijndrecht bringen dieses Salz in den Handel mit einem Gehalt von 50-55 Prozent Kali und zu einem Wert von *f* 20 (etwa 34 Mk) per 100 kg. Wegen der Eigentümlichkeit dieser Kali-pottasche, die Feuchtigkeit anzuziehen, wird sie in doppelten Säcken von 62-1/2 kg. verpackt.

Der innere Sack ist präpariert, hemmt also die Aufnahme der Feuchtigkeit aus der umringenden Luft.

Schon längst hat man bemerkt, dass man durch Holzasche und Pferdemist einen hellfarbigen Tabak erhält, Ziegen- und Schafsmist dahingegen geben ein dunkles Produkt.

In Japan bekommt man sogar ein schönes hell gefärbtes Blatt, angenehm von Geschmack, dadurch, dass man es mit Kuchen von Leinsamen düngt nebst ein wenig Stalldünger.

Wir wissen, dass Valburg den besten Cigarrentabak unsres Landes liefert, (*f* 28.25 per 100 lb und dass dort die einfache Düngung mit Kuhmist auf dem sandigen Boden (dem Teil des Dorfes, welcher »Het Hoog« (= Die Anhöhe) genannt wird), ohne dass man jemals sich des Wechselbaus bediente, das schöne goldgelbe, breitgeformte Blatt hervorbringt.

Die Überführung von Erde aus Valburg (wo man auch Lehmboden antrifft) auf die Veluwe, hat keine Resultate beim Anbau des Tabaks geliefert.

Jeder Züchter muss die Düngversuche auf seinem eigenen Boden anstellen und dabei der Gefahren eingedenk sein, die entstehen können, wenn man die genannten schädlichen Elemente oder Salze anwendet. In der letzten Zeit hat man die Aufmerksamkeit auf die Düngung mit Silicaten gerichtet (Martellin = Kalium-silicat), wodurch die Brennbarkeit und die Farbe, nebst dem anatomischen Bau des Blattes verbessert wird[E].

Nach der schönen Lehre von Darwin, welche sich auf wissenschaftliche Forschungen gründet, wird die Pflanzen- und Tierwelt in einer Gegend sich den da anwesenden physischen Lebensbedingungen anpassen und sich demgemäss entwickeln. In »*the struggle for life*« werden die bevorzugtesten Arten, Rassen und Varietäten siegreich aus dem Kampfe hervorgehen, bekränzt, nicht mit der Siegespalme, sondern mit der kräftigen Lebensfähigkeit für ihren Stamm.

Dies muss auch anwendbar sein auf unsere Tabakskultur.

Meine Nachforschungen gaben mir die Überzeugung, dass viele Tabakspflanzer ihr Fach wissenschaftlich auffassen und weder Mühe noch Kosten scheuen, Versuche zu machen, welche die Kultur fördern können.

Ich kann nicht genug darauf hinweisen, dass man die grösste Sorgfalt auf das Gewinnen des Samens verwende. Man muss hiezu nicht einige Pflanzen in zeitweise günstige Lebensverhältnisse bringen dadurch, dass man sie besser oder örtlich starker düngt, sie auf gut gewählten geräumigen Stellen des Feldes Samen schiessen lässt, sondern man muss diejenigen Pflanzen mitten auf dem Felde auswählen, welche sich durch schönen Bau, Blattform u. s. w. auszeichnen, dann hat man die grösste Gewähr, dass die erblichen Eigenschaften des Samens auf die Nachkommenschaft übertragen werden.

Durch die Kultur der Tabakspflanze hat der Bau der Blume sich geändert. Die bei uns schwach vorhandene Protogynie ist im Naturzustande deutlicher und schärfer hervortretend, wodurch Kreuzbestäubung mehr erwartet werden kann. Der Bau der Kulturblume ist jetzt derartig, dass Staubfäden und Stempel nicht nur etwa auf derselben Höhe stehen, sondern dass die weibliche Periode der Blume in unserm Klima im geschlossenen Knospenzustand verlebt wird.

Dies erleichtert uns die künstliche Kreuzbestäubung; man braucht nur die Knospe welche im Entfalten begriffen ist, zu öffnen und die Pollen von gleichfalls gut gewählten Pflanzen mit einem kleinen Pinsel auf den Stempel zu bringen. Nach zwei Stunden ist die Gefahr vorüber, dass Insekten durch ihren Besuch andere Pollen mit demselben in Berührung bringen. Verhüllung mit Gaze oder mit einem Papierbeutelchen während einiger Stunden sei deshalb empfohlen. Auf diese Weise kann kräftiger Samen gewonnen werden.

Weiter lehren die Versuche, dass die mittelsten Blumen (Samenkapsel) am Stengel den kräftigsten Samen enthalten. Sehr erwünscht ist es zugleicherzeit, die gewählten Pflanzen die Blätter behalten zu lassen und sie nicht abzureissen, wie es bisweilen geschieht.

Kräftig entwickelte Pflanzen werden den Kampf ums Dasein leichter bestehen als schwächere, sie werden zugleich besser im Stande sein, den Krankheiten zu widerstehen.

In Valburg hat man eine eigentümliche Gewohnheit, den Samen zum Keimen zu bringen. Man bringt ihn in ein angefeuchtetes Leinenläppchen oder Säckchen, nachdem es im Wasser angeschwollen ist.

Dann hängt man es in mässiger Entfernung vom warmen Ofen auf. Die Folge hiervon ist, dass der Samen zwar sichtlich gut ausläuft, aber dabei mittels Diffusion lösliche Nahrungsstoffe abgiebt, welche als Reservenahrung dem zukünftigen Pflänzchen entzogen werden. Auf diese Weise wird das keimende Pflänzchen geschwächt und der Kampf, den es beim Übergange zu einer sich selbst nährenden Pflanze zu bestehen hat, wird ihm erschwert.

Dass der Verlust von Salzen, Aschenbestandteilen, grösser ist als man sich denkt, geht hieraus hervor, dass, wenn der Aschengehalt des Samens 4% ist, dieser nach Behandlung mit Wasser während der 24 Stunden des Tages 1/4 Teil verloren hat. In dieser Weise verliert der Samen schon einen grossen Teil des so sehr erwünschten Kali, nl. 25.8%, und 6.4% Phosphorsäure (Behrens).

Weiter lässt man in Valburg, nach dem Pflücken, die Blätter noch einige Tage auf dem Felde liegen, erst dann werden sie an Stangen angereiht. Aus der Physiologie des sterbenden Blattes ersahen wir, dass das Trocknen langsam geschehen soll. Hierdurch entstehen Zersetzungsprodukte, welche bei der Gährung erwünscht sind.

Beim Gährungsverlauf haben wir gesehen, dass bei unserm Tabak der Bacillus Tabaci I + III, die Hauptrolle spielt, er giebt ihm den reinen Geruch und Geschmack, insofern wir dies bei unserm Tabak wahrnehmen können. Da, wo die Gährung nicht stattfindet oder nicht gut verläuft, können diese Mikroben künstlich angebracht oder geimpft werden.

Die Versuche, die Mosaikkrankheit zu verhindern, könnten schon jetzt beim Wechselbau angestellt werden. Der Anbau von Erbsen, Bohnen, Klee und andern Hülsenfrüchten sei anempfohlen.

Folgende Düngung wird von einigen grossen Züchtern versucht werden.

Im Spätjahr wird per ha. 750-3000 kg. ungelöschter Kalk auf die Oberfläche des Feldes gebracht und gleichmässig darauf ausgestreut. Dies lässt man ungefähr einen Monat liegen und bringt dann 400-600 kg. Kainit und 400-600 kg. Thomasphosphat hinzu, nachher wird es im Januar oder Februar, wenn der Witterungszustand dies erlaubt, mit dem Spaten untergegraben. Auf die gebräuchliche Weise werden dann die Erbsen, Bohnen u. a. gepflanzt oder gesät.

Die Versuche, welche angestellt werden, um auf eine andere Weise der Mosaikkrankheit vorzubeugen, werden fortgesetzt, nehmen aber viel Zeit in Anspruch.

Die Gründüngung auf angesteckten Feldern kann aus obenerwähnten Gründen nicht empfohlen werden.

Das Ausgraben der infizierten Mistbeete etwa 30 cm. tief und das Hineinbringen gesunder Erde, also von unbebautem Boden, verdient Empfehlung. Ein Pflanzer, der niemals Fleckkrankheit auf seinem Felde gehabt hat, könnte dadurch, dass er junge Pflänzchen, welche von infiziertem Boden herstammten, lieh oder kaufte, sein Feld auf immer anstecken und dadurch die Mosaikkrankheit hervorrufen.

Und hiermit habe ich einen Gegenstand behandelt, der immer mehr mein Interesse erregte. Dabei habe ich viele unsrer Tabakspflanzer als Personen kennen gelernt, die alles aus Liebe zur Sache thun, und ungeachtet des grossen Aufschwunges unsrer indischen Kultur, wodurch soviele edle Tabakssorten über die ganze Welt verbreitet werden, mit Mut, Ausdauer und Lust zur Arbeit, unsern einheimischen Tabak züchten, bearbeiten, und zu verbessern trachten. Mögen sie, indem sie so fortfahren, auch die Früchte ihrer Arbeit geniessen!

Verbesserung durch Reinkulturen.

(Fortsetzung der Untersuchungen von 1897).

Die Untersuchung der Gährung unseres einheimischen Tabaks ist, da wir es hier mit einem Prozesse zu thun haben, bei dem fakultative anaërobe Bakterien eine Rolle spielen, enorm von mir gekürzt worden. Später wurde ich mit den an der Oberfläche der Platten angelegten bakteriologischen Kulturen bekannt, wodurch man makroskopisch schon deutlich die verschiedenen Arten des Wachstums von Bakterien und andern Mikroorganismen wahrnemen kann.

Dies Verfahren hat unendlich viel vor derjenigen Untersuchungsmethode voraus, bei der die Kulturen auch in Gelatineplatten wachsen.

Im letzteren Falle doch sieht man, nur einige Variationen in verfliessenden Kulturen ausgenommen, welche meistens kugelförmig in der Gelatine wachsen, fast immer gelbe Pünktchen, bald rund, bald linsenförmig.

Will man gerade jene Mikroorganismen auffinden, welche aërob oder fakultativ anaërob sind und bei irgend einem Prozesse eine Funktion zu erfüllen haben, so bietet diese Methode sehr grosse Vorteile und nicht weniger eine Abkürzung was die Zeit betrifft. Sogar zu einer quantitativen Bestimmung von Mikroorganismen eignet sich diese Untersuchungsmethode. Was die Untersuchungen der Tabaksgährung betrifft, so sind diese in folgender Weise abgekürzt worden.

Die früher beschriebenen Stückchen fein geschnittenen Tabaks werden in ein Röhrchen mit 10 cm^3 physiologische Kochsalzlösung (0.75 Prozent) gebracht und mit der Platinnadel wiederholt in dieser Flüssigkeit bewegt, während man sie dann und wann noch durch einander schüttelt.

Vom Inhalte dieses Röhrchens werden dann eine oder mehr Platinspiralen (welche in meinem Falle 0.048 gr. Flüssigkeit festhalten) auf ein zweites und drittes Röhrchen gebracht. Die Erfahrung giebt hier bald einen Fingerzeig. Es stehen einige sterile Kulturschälchen mit dem beschriebenen festen Nährboden bereit. Nun wird der Inhalt des I^{en}, II^{en} u. s. w. Rohres über die Oberfläche ausgegossen. Was zu viel ist an Flüssigkeit, lässt man wegfliessen, indem man einfach das ein wenig geöffnete Schälchen schräg hält. Weiter bewegt man das Schälchen noch einen Augenblick hin und her, um die geringe Quantität Wasser, in welchem die Mikroorganismen verteilt liegen, gut zu verbreiten. Die Berechnung lehrte mich, dass die Oberfläche des beschriebenen Petri-Schälchens während dieser Manipulationen ungefähr 0.5 gr. Flüssigkeit festhielt.

Wenn man genauer dieses Gewicht kennen lernen will, so kann das Schälchen vor und nach dem Anfeuchten gewogen werden, und dies Gewicht berechnet werden auf die respektiven Röhrchen und die gebrauchte Quantität Tabak im Röhrchen I, der zwischen zwei sterilen Uhrgläsern vor dem Experiment gewogen wird.

Nach Verlauf einiger Tage kommen die Plattenkulturen zur sichtbaren Entwickelung und ist es viel leichter, eine Übersicht über den Totalgehalt an Sorten zu bekommen. Quantitativ betrachtet hat diese Methode Fehler. Die Ursache davon liegt darin, dass die Bakterien in mehr oder weniger starkem Masse in den von ihnen selbst abgeschiedenen Schleimhüllen liegen und dadurch sehr am Medium haften, dem Blatte, auf dem sie, sei es auch kurze Zeit, lebten, und später ein latentes Leben führten, um bei der Gährung wieder energisch aufzuleben. Weder durch Abreibung mit der Platinnadel, noch durch immerwährendes Hin- und Herschütteln, kann man alle Mikroorganismen vom Substrat trennen. Damit hier eine Verbesserung angebracht werde, habe ich die Sache anders gemacht und habe dies schon im Prinzip im »Pharm. Weekblad« N°. 10, 1898, beschrieben. Das Resultat dieser Untersuchungsweise war ein brillantes und hat die allergünstigsten Folgen gehabt. Diese Methode, die ich zuerst auf den Tabak anwendete, lässt sich auf eine Unmasse anderer Gegenstände anwenden.

Sie ist wie folgt. In einige Reagirröhren werden gewöhnliche Pinselchen so hineingebracht, dass der Federkiel auf dem Boden der Röhre ruht und das Büschelchen nach oben gerichtet ist. Durch einen Wattepfropfen werden die Röhren geschlossen und dann während einer Stunde bei 110° C. in strömendem Dampfe erhitzt. Die Temperatur übt keine nachteilige Wirkung auf die Pinsel aus. Ferner wird ein hohes Petrischälchen gewählt, 10 cm^3 sterilisierte physiologische Kochsalzlösung hineingebracht und natürlich sofort geschlossen.

Ein Teil eines gährenden Tabaksblattes wird in diese Flüssigkeit hineingetaucht und einige Minuten daselbst in Ruhe gelassen. Dann nimmt man mit einer sterilen Pincette das Pinselchen aus einem der Reagierröhrchen und reibt, indem man eins der Enden des Blattes mit der Pincette festhält, kräftig über die Oberfläche der beiden Blatthälften. Indem man das Schälchen hin- und herbewegt, werden die Mikroorganismen gleichmässig im Wasser verteilt. Von dieser bakterienreichen Flüssigkeit werden 1 cm^3, 1/2 cm^3 oder Verdünnungen hiervon mittels steriler Pipetten über die Oberfläche der Platten gebracht.

Auf diese Weise werden nach der »Bohnmethode« (der Name ist von mir nach dem Bohnen der Fussboden gewählt) auch diejenigen Bakterien von der Blattoberfläche entfernt, welche innig mit diesem Substrate zusammenhingen. Nach Berechnung kann man auf diese Weise bestimmen, wieviel Bakterien sich auf den beiden Blatthälften befanden.

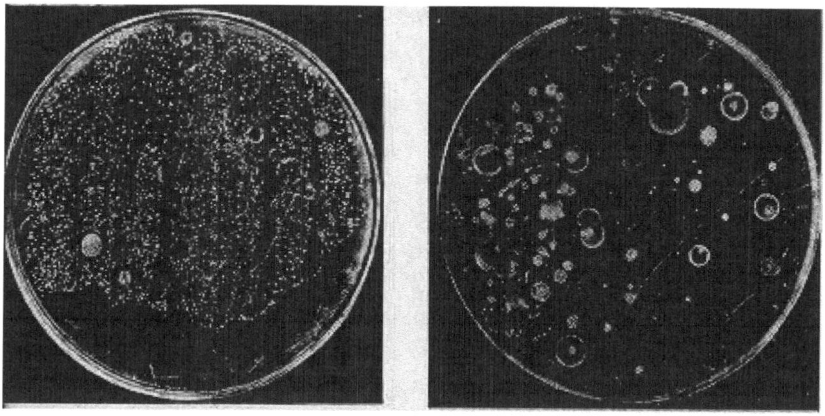

Fig. 6. *Bohnmethode.* Links Pinselstriche von Betuwer Tabak im Anfange der Gährung (Diplococcen). Rechts während der Gährung (B. T. I + B. subtilis + B. mycoides).

Wenn es sich um eine qualitative Bestimmung handelt, so bekommt man nicht weniger schöne Kulturplatten auf folgende Weise. Das Tabaksblättchen, das schon im Wasser untergetaucht war und nicht bewegt wurde, wird mit einer sterilen Pincette auf sterilisiertes Papier gelegt.

Es liegt also feucht darauf. Nachher wird die obere Seite des Blättchens mit dem trocknen Pinsel, welcher also steril ist, abgebohnt. Mit diesem noch nassen Pinsel macht man Striche über die festen Oberflächen von Gelatineplatten. Nach einigen Tagen sieht man denn, dass der erste Strich die grösste Zahl Kolonien hervortreten lässt, gewöhnlich zu viel als dass man sie unterscheiden könnte; der zweite Strich schon weniger, der dritte und vierte noch weniger, u. s. w. Letztere Methode wurde immer von mir angewendet bei unserm einheimischen Tabak, beim Deli- und Havanna-Tabak.

Das Resultat war ein glänzendes. Die Untersuchungen nach der Gährung des Tabaks erlauben diese Methode, weil hierbei keine obligaten anäeroben Bakterien im Spiele sind. Sie ist natürlich unbrauchbar, wenn es sich um Mikroorganismen handelt, welche Sauerstoff nicht ertragen. Die Petri'schen Kulturplatten sind auf lichtempfindliches Papier gesetzt, 25 Secunden vom Sonnenlicht beschienen und oben photographisch, ohne Retouche reproduziert. Die Glaskratzer am Boden des Schälchens sind hierbei deutlich sichtbar.

Bei den Untersuchungen unsres einheimischen Tabaks, die im Jahr 1897 von mir in »de Natuur« publiziert wurden, hat sich herausgestellt, dass wir es hier zu thun haben mit einer Gährung, bei welcher fakultative anaërobe Bakterien, also auch unter Hinzutretung von freiem Sauerstoff oder Luft, eine Rolle spielen. Sogleich ergab sich daraus, dass im gährenden Tabak von verschiedener Herkunft aus unsern Gegenden (Betuwe, Veluwe, Maaswaal) verschiedene Mikroorganismen mehr oder weniger häufig anwesend waren, jedoch in überwiegender Zahl diejenigen, welche sich an der Gährung beteiligten.

Meine zunächst liegende Vermutung hat sich bestätigt. Fünf verschiedene Bakterien, welche, aus verschiedenem Tabak herstammten, sind damals von mir abgebildet und kurz nach ihren morphologischen und biologischen Eigenschaften beschrieben worden. Alsdann ist Tabak von mir sterilisiert worden, d. h. alle Mikroorganismen, welche sich auf und in demselben befanden, wurden getötet und nachher ist jener Tabak mit den verschiedenen Reinkulturen geimpft worden. Alsdann stellte sich heraus, dass die Impfung mit dem B. T. I. und III (Bacillus Tabaci I. und III) dem Tabak das richtige Arom verlieh, ein Arom, welches, hier in Holland für das beste gehalten wird. Meine Vermutung, dass jene Gährung doch noch einen andern Verlauf haben würde, wenn die nämliche Tabaksart nicht sterilisiert, dahingegen mit den genannten Tabaksbakterien geimpft würde, hat sich bestätigt. Jedoch müssen wir hierbei in Betracht ziehen, dass nebst den in grosser Zahl künstlich angebrachten Mikroben, noch mehr Arten ihre Wirkung ausüben, Arten, welche gleichfalls das feuchtgewordene Tabaksblatt angreifen, aber ausserhalb der eigentlichen Gährung stehen und nichts anders thun können als Zersetzungen hervorrufen, welche ungünstig wirken oder gar nicht dazu beitragen, ein erwünschtes Produkt zu erhalten. Es ergab sich, dass die Impfung mit den Tabaksbakterien, welche günstig beim sterilen Tabak wirkten und ihm das reine Arom gaben, in nicht sterilem Tabak ohne Wirkung blieben, insofern ohne Wirkung, dass jenes Arom bei weitem nicht so ausgesprochen war als beim sterilen Tabak. Diese Versuche wurden im Februar 1898 in den Gährungsscheunen des Herrn de Hartog in Wageningen angestellt. Damals musste die Frage gelöst werden, wie das Produkt der natürlichen Gährung, also ohne Sterilisation übertroffen werden konnte, wenn man von den Impfungen mit einer oder mehreren Reinkulturen auf die nämlichen, also nicht sterilisierten Tabaksarten Gebrauch machte.

Die Versuche im Laboratorium lehrten also, dass steriler Tabak durch Impfung mit zwei Mikroben vorzügliche Eigenschaften erhielt, sodass dieser Tabak sofort von den Fachmännern als der beste bezeichnet werden konnte. Die Quantität war jedoch eine zu geringe, als dass man Cigarren davon anfertigen lassen und alle Eigenschaften, die man so gerne kennen lernen möchte, kontrollieren konnte. Eine Sterilisation des Tabaks im Grossen ist faktisch unmöglich. Damit das Resultat der schon beschriebenen Untersuchung praktisch verwendet werden konnte, mussten also Versuche mit verschiedenen Reinkulturen und deren Mischungen angestellt werden. Es stellte sich heraus, dass einige dreissig Büschel, welche ohne Sterilisation mit den B. T. I + III + IV geimpft, im Februar in Haufen gelegt und nachher der Gährung ausgesetzt worden waren, nicht solche günstige Eigenschaften erhalten hatten als der sterilisierte und nachher geimpfte Tabak, wie es in meinem Laboratorium stattfand.

Zugleicherzeit erwähne ich hier, dass der nicht-fermentierte Deli-Tabak, der mir aus Batavia von Dr. v. Breda de Haan zugesandt wurde, gleichfalls einer Untersuchung unterzogen worden ist. Nach dem Beispiele von Semmler aus Cuba habe ich einen kleinen Teil dieses Tabaks mit Wasser faulen lassen und mit diesem Wasser einheimischen Tabak, der dann gleichfalls mit andern Büscheln in den Haufen hinein gelegt wurde, besprengt. Dieser Tabak gerieth zwar in Fermentation, aber als die Gährung beendigt war, ergab sich, dass die besprengten Büschel keine andern Eigenschaften bekommen hatten als eine Änderung in der Farbe der Blätter, die von der feuchten Behandlung herrührte. Dieser Versuch, welcher durch einen Zufall auf Cuba günstig verlief, ist Ursache gewesen, dass man die Aufmerksamkeit auf die Tabaksgährung hinlenkte und die Vermutung laut werden liess, dass Mikroorganismen bei jener Gährung sich wirksam bethätigten.

Als es mir nach wiederholten Versuchen deutlich geworden war, dass die Impfung unseres einheimischen Tabaks mit den B. T. I + III also nicht ganz den Erfolg hatte, wie immer beim sterilen Tabak, habe ich diesen Gegenstand weiter untersucht und eine Reihe von Versuchen mit Mischungen von Reinkulturen angestellt. Die Herren de Hartog und v. Druijnen in Wageningen, welche diesem Gegenstand ihre ganze Aufmerksamkeit widmeten, halfen mir bei diesen Versuchen und gaben mir jedesmal ihr Urteil ab, ein Urteil, das ich sehr schätzte, da es ausgesprochen ward von sehr kundigen, erfahrungsreichen Fachmännern. Nicht entmutigt empfing ich am 8. März die Nachricht, dass man damit anfangen würde, einen Haufen gährenden Tabak aus der Betuwe umzusetzen. Es war die beste Tabaksart, welche Holland hervorbringt. Am 10. März besuchte ich die Fermentierscheune und stellte wiederum Versuche an, aber in der jetzt sehr gekürzt beschriebenen Weise. Es war ein schöner Anblick, jenen prachtvoll aufgebauten Haufen mit den Tausenden goldgelben Büscheln emporragen zu sehen. Eine grosse Menge Kulturschälchen wurde von mir infiziert mit Blattfragmenten der obersten Tabaksbüschel (± 22° C.) Nach einigen Tagen zeigten sich die Kolonien, und mit Bewunderung sah ich wieder die im vorigen Jahre von mir beschriebenen Arten zum Vorschein kommen. Meine Aufmerksamkeit richtete sich auch noch, nicht auf die bekannten Verunreinigungen, sondern auf andere Arten, welche ich nun bei niedriger Temperatur in grosser Anzahl vorfand. Einige davon brachte ich in Kultur und wartete darauf, welche Rolle sie mit andern Bakterienarten in nicht sterilisiertem Tabak spielen würden.

Um den praktischen Teil des Problems zu lösen, hatte ich damals sechs Arten Tabaksbakterien, welche bezüglich ihrer Wirkung in nicht sterilem Tabak controlliert werden mussten, und die also den überall herrschenden »Struggle for life« kämpfen mussten. Es war nicht vorher zu sagen, wer siegen würde. Ein logisches Verfahren nach Wahl war nicht möglich, der Versuch musste entscheiden. Um die Frage der Tabaksverbesserung zu lösen dadurch, dass man Gebrauch machte von den, in dem vorzüglichsten Betuwer Tabak vorgefundenen Mikroben, wurden eine Menge nicht sterilisierter Tabaksarten mit Reinkulturen und deren Mischungen bespritzt. Dieses Bespritzen lässt sich ausgezeichnet durch den Druck der Wasserleitung bewerkstelligen; ich werde durch Abbildung zeigen, wie das Verstieben in meinem Laboratorium geschieht. Was die sehr geringe Farbenveränderung des Blattes betrifft, die durch Befeuchtung verursacht wird, so ist es mir als bald gelungen, hierin eine Verbesserung anzubringen, indem ich die Reinkulturen von Agar-Oberflächen mit feinem Tabakspulver vermischte und dies gleichfalls in die Büschel hineinspritzte oder verstieben liess, also der trocknen Behandlung gemäss. Nach Beendigung der Gährung wurden die Eigenschaften der derartig behandelten Sorten kontrolliert, und diese sorgfältig ausgesucht. Ich werde hier all diese Versuche, die noch nicht den erwünschten Erfolg hatten, der Kürze halber nicht aufzählen; nur lohnt es sich, zu wissen, dass ich daraus den Schluss zog, dass viele Arten von Mikroorganismen, unter denen auch die von mir abgebildeten, die Temperaturerhöhung verursachen, und dass ich drei Arten in Mischung, künstlich in grosser Menge in die verschiedenen Tabaksarten hinein brachte. Es waren die Reinkulturen von Bacillus Tabaci I, B. T. III und dem neu isolierten Diplococcus Tabaci. Diese Mischungen erhielten folgende Marken:

Marke I: Bacillus Tabaci Hollandicus I.
" " " III.
Marke II: Diplococcus Tabaci Hollandicus.
Bacillus " " III.
Marke III: Mischung der Marke I und Marke II.

Diese Reinkulturen von Agar-Oberflächen wurden sorgfältig in steriles Wasser verteilt.

Die unten angegebenen Tabaksarten wurden mit dem Inhalte dieser Fläschchen bespritzt und von den Herren de Hartog und v. Druijnen mit den gegebenen Marken versehen. Erst nachdem die Gährung beendigt, die Cigarren gemacht, und mein Urteil abgegeben war, sollte das Resultat dieser Versuche, die auch von andern in unserer Umgebung beurteilt werden sollten, bekannt gemacht werden.

A. geimpft:		B. nicht geimpft:	
I *a* =	Betuwer Erdgut	a^1 =	Betuwer Erdgut
b =	Veluwer Erdgut	b^1 =	Veluwer Erdgut
II *c* =	Betuwer Sandgut	c^1 =	Betuwer Sandgut
d =	Veluwer Sandgut	d^1 =	Veluwer Sandgut
III *e* =	Betuwer Erdgut	e^1 =	Betuwer Erdgut
f =	Veluwer Erdgut	f^1 =	Veluwer Erdgut

Ende Juli habe ich diese Cigarren, nur mit den Marken *a*, a^1, *b*, b^1 u. s. w. empfangen. Nichts war bekannt von Impfung oder nicht Impfung, von Nummer u. s. w. Jetzt befand ich mich in der schwierigen Lage, mein Urteil abgeben zu müssen. Es handelte sich ja hier um kleine Unterschiede in der Brennbarkeit, Konsistenz der Asche, des Aroms, des Geschmacks u. s. w. Aus dem Grunde habe ich dies den befugteren Personen, den eigentlichen Fachmännern überlassen, die ihrer Beschäftigung gemäss dies viel besser beurteilen können. Herr G. P. Voorwijk in Amsterdam, welcher in der Tabakswelt seines richtigen Urteils wegen so günstig bekannt ist, hat sehr freundlich meiner Bitte, einige Abende zu mir zu kommen und zu rauchen, Folge geleistet, wofür ich ihm hiermit herzlich danke. Jedes Packetchen bestand aus 2 Cigarren, die nur die Marke *a*, a^1, *b* oder b^1 u. s. w. trugen. Als die Reihenfolge *a* und a^1 abgeraucht war, untersuchte Herr Voorwijk, indem er dabei die andere Cigarre aus dem nämlichen Packetchen benutzte, ob die Eigenschaften der Cigarren aus ein und demselben Packetchen dieselben wären, was völlig stimmte. Den 29 Juli schrieb ich Herrn de Hartog folgendes:

Geehrter Herr,

Weil mein Geschmack, was den Tabak im allgemeinen betrifft, nicht so besonders entwickelt ist, und es sich hier höchstwahrscheinlich um kleine Unterschiede und typische Kennzeichen der Brennbarkeit, Konsistenz der Asche und die grössere oder geringere Leichtigkeit handelt, mit der eine Cigarre zieht, so habe ich mein Urteil über diese Versuche, welche einen praktischen Leitfaden abgeben sollen, befugteren Personen übertragen. Da die Impfung von dieser oder jener Marke nur Ihnen allein bekannt ist, und da ich nicht daran zweifle, dass Sie aus den jetzt von mir gegebenen Nummern oder Buchstaben unsere Urteile vergleichen werden, so habe ich Ihnen die Überreste der gerauchten Cigarren gesandt, jedoch mit der Bitte, nochmals die Zeichen auf ihre Richtigkeit hin zu kontrollieren, da dies von grosser Wichtigkeit ist.

Unten folgt das Urteil des Herrn Voorwijk, der durch tägliche Fachbeschäftigung bedeutend mehr berechtigt ist, eine Meinung hierüber auszusprechen, als ich es thun kann.

a ist enorm besser als a^1, das Aroma des Rauches ist zwar das nämliche und in dem Aroma des Deckblattes ist wenig Unterschied, aber die Art a hat ein säuerlicheres, volleres Aroma als a^1. Die Brennbarkeit ist bei a und a^1 die nämliche; soweit man es von einheimischem Gewächs erwarten kann, brennen sie sehr gut.

b und b^1 haben die nämlichen Eigenschaften, aber, wenn man weiter raucht, bleibt b besser von Geschmack als b^1. Beim ersten Anbrennen und in der ganzen Breite geraucht, hat b eine geringe Ähnlichkeit mit a. Hierbei muss bemerkt werden, dass für gewöhnlich der einheimische Tabak einen holzartigen Geschmack hat, der noch an a, a^1, b und b^1 auffällig ist. Bei b ist die Asche etwas weniger hart als bei b^1.

c und c^1 zeigen keinen Unterschied. Beide sind schmackhaft, jedoch ist bei c die Brennbarkeit besser als bei c^1.

d ist etwas günstiger als d^1, hierbei ist die Asche viel besser und lockerer als bei d^1.

e ist viel besser als e^1. Die Brennbarkeit ist hier auch sehr verschieden und zum Vorteile von e. Bei diesen zwei Arten wird bis jetzt der grösste Unterschied wahrgenommen, e und e^1 sind zugleich schwerer von Geschmack.

f und f^1 sind gleichfalls schwerer von Geschmack als die vorigen, f ist edeler von Aroma und Geschmack als f^1, die letztere ist sogar ordinär. Falls f geimpft wurde, so ist diese Sorte viel veredelt und verbessert. — Ein Fachmann, wie Herr Voorwijk macht die Mitteilung, dass das einheimische Gewächs dieses Jahr besonders gut ist.

Hochachtungsvoll und mit freundlichem Danke,

C. J. KONING.

Bussum, 29/7 '98.

Einige Tage nach diesem Schreiben empfing ich die Antwort, dass durch die Impfung der Tabak faktisch verbessert ist, und dass nur die Reihe A. geimpft war.

Der *Diplococcus Tabaci Hollandicus* besteht, wie der Name schon andeutet, aus kugelförmigen Mikroben, Coccen, welche je zwei und zwei liegen, also zwei gegen einander liegenden Kugeln am besten zu vergleichen sind. Dieser Organismus wächst auf Gelatine in der Form eines hellgelben, scharf begrenzten dicken Streifens, welcher die Gelatine nicht verflüssigt. Auf Agar entsteht gleichfalls ein gelber, breiter Streifen und auf Kartoffel eine prachtvoll gelb hochaufragende Kultur. Alcalische Bouillon wird schwach getrübt. Dieser aërobe Organismus erzeugt gleichfalls im Anfang der Gährung Ammoniak.

Vergleichende Versuche mit den Agarreinkulturen, angestellt bei erhöhter Temperatur, zeigen, dass der *Bacillus Tabaci Hollandicus I* bei niedriger Temperatur sich schneller vermehrt als der Diplococcus, der bei 24° (?) C. sein Optimum erreicht. Hieraus lässt sich folgern, dass die Gährung unseres Tabaks verschiedene Phasen durchläuft.

Von praktischem Interesse ist in Bezug hierauf das wiederholte Umsetzen der Haufen, wodurch sowohl die Luft wieder Zutritt erhält, um die Aëroben und fakultative Anaëroben energischer leben zu lassen, als auch die äusseren Büschel der genannten Wirkung ausgesetzt werden. Wird die Temperatur von mehr als 60° C. erreicht, so wird der biologische Prozess, welcher ausschliesslich der Gährung eigen ist, zum Stehen gebracht.

Zugleich mit den temperaturerhöhenden Mikroorganismen entwickeln sich im Anfange der Gährung die Diplococcen und die B. T. H. I., welche den oben mitgetheilten Impfproben nach, die Brennbarkeit und das Aroma verbessern; jetzt schon entsteht Ammoniak als Zersetzungsprodukt. Wenn die Temperatur steigt, geraten die Diplococcen auf den Hintergrund und entwickeln die B. T. H. sich kräftiger, sodass durch ihre Lebensthätigkeit das Tabaksblatt derartig zersetzt wird, dass das Aroma sich bessert.

In beifolgender Figur ist die Steigerung der Temperatur in einem gährenden Haufen angegeben. Die Erfahrung hat hier gelehrt, dass man bei ± 53° C. den Haufen ohne Schaden umsetzen kann, wodurch schon eine Zeitersparnis erzielt wird. Die Temperatur wurde mittels mehrerer Thermometer beobachtet, welche in die Spalte eines hölzernen Stabes gestellt worden sind. Diese Stäbe liegen in Bambusköchern und werden einige Meter weit in den Haufen hineingeschoben. Nach der graphischen Darstellung findet die stärkste Temperaturerhöhung statt von 29°-50° C. Vor und nach diesen senken sich die Linien bedeutend.

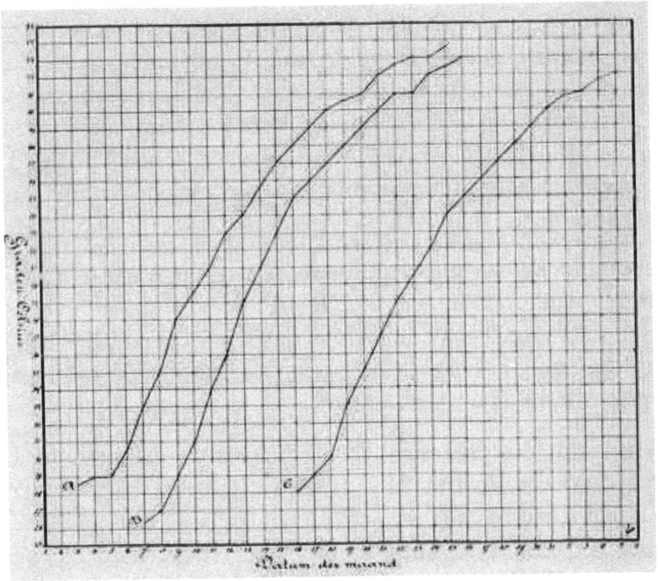

Fig. 7. Graphische Darstellung der Temperaturerhöhung in den gährenden Haufen Tabak A, B und C, im Monat Juni aufgestellt.

Merkwürdig und sehr beachtenswert sind die Eigenschaften, welche an a. beobachtet werden. Aus der nämlichen Tabaksart, aus dem Betuwer Erdgut also, ist der B. T. I. isoliert worden. Wenn dieser in *grösserer Menge* künstlich in diesen Tabak hineingebracht wird, so bessert sich das Aroma desselben beim Anbrennen beträchtlich. Ein Beweis um so mehr dafür, dass eine grosse Zahl Mikroben, welche sich auf der Blattoberfläche befinden oder künstlich darauf angebracht worden sind, bedeutend dazu mitwirken, die guten Eigenschaften, welche guter, einheimischer Tabak besitzen soll, ansehnlich zu verstärken und dadurch den Tabak zu verbessern.

Aus den Impfungen erhellt ausserdem, dass durch B. T. I. das Aroma (siehe A. I.), durch den Diplococcus die Brennbarkeit (A. II.) verbessert wird; wenn sie zugleicherzeit angewendet werden, verbessern sie Aroma und Brennbarkeit. (A. III.) B. T. I. überträgt sogar, durch seine Lebensfunktionen, das Aroma des Betuwer Tabaks auf andere Tabaksarten (A. I. b.).

Wir erkennen aus diesen Versuchen deutlich die Wirkung der Mikroben bei der Gährung, und dass es jetzt auf praktischem Wege möglich ist, der Fermentation einen günstigen Verlauf zu geben. Am Schluss dieser Beschreibung einige kurze Mitteilungen.

Vor allem meinen Dank den Herren Dr. v. Breda de Haan in Buitenzorg für die Zusendung des unfermentierten Deli-Tabaks ausgezeichneter Qualität, wodurch ich Gelegenheit gehabt habe, Indischen Tabak in meinem Laboratorium zum Gähren zu bringen und Nachforschungen darüber anzustellen.

Dr. A. van Bijlert, gleichfalls in Buitenzorg, für seine erneuten Untersuchungen der Deli-Bodenarten, auf denen der Tabak solche bekannten vorzüglichen Eigenschaften erhält, und in denen ein colloidales Silicat solch eine günstige Wirkung hat.

Nicht weniger wichtig ist der von Herrn Dr. v. Breda de Haan gegebene Bericht über »Regenfall und Reboisation in Deli«, welcher von so grosser Bedeutung für die Zukunft dieses Landes ist.

Die Untersuchungen des Deli- und des Havanna-Tabaks sind, was den bakteriologischen Teil betrifft, von mir angestellt worden. Die praktische Anwendung der Reinkulturen werde ich hier nicht antizipieren, doch nur die Mitteilung machen, dass beide, ebenso wie unser einheimischer Tabak eine ammoniakale Gährung durchmachen, welche Mitteilung, was den Deli betrifft, mit dem Bericht des Herrn Dr. Vernhout stimmt.

Dieser hatte die Güte, mir das Ergebnis der Untersuchungen, welche mit etwa siebzig Blättern angestellt wurden, zuzuschicken. Auch hier stellte sich heraus, dass die Gährung durch die Wirkung von Mikroben verursacht wird. Es gelang Vernhout immer, dieselben in Reinkultur zu bekommen. Diese Untersuchungen, welche in den Tropen mit solchen grossen Schwierigkeiten verbunden sind, werden fortgesetzt.

Aus dem Deli-Tabak isolierte ich Bakterien und eine Hefenzelle. Die Bakterien sind sehr klein, während immer eine gefunden wurde, die bei 37° C. gar nicht mehr auf dem Nährboden wuchs, sondern bei 24° C. ihr Wachstumsoptimum hatte; weiter ein Stäbchen, welches keine Sporen bildete, ein Diplococcus und ein der Rosahefe verwandter Saccharomyceet.

In Folge des Amerikanisch-Spanischen Krieges, war keine Gelegenheit, unfermentierten Tabak zu bekommen, so dass ich, ohne diesen Untersuchungen viel Gewicht beizumessen, die Mikroorganismen aus Büscheln Tabak isolierte, welche acht Jahre lang in Amsterdam gut aufgehoben gelegen hatten. Merkwürdig ist es jedoch, dass daraus doch einige Arten, alles »Bakterien«, isoliert worden sind. Aus den Büscheln habe ich unter allen Vorsichtsmassregeln die inneren Blätter herausgesucht und sie von neuem in eine feuchte Umgebung und erhöhte Temperatur gebracht. Trotzdem sie acht Jahre trocken gelegen hatten, sind daraus 7 Arten Mikroorganismen in Reinkultur gezüchtet worden. Nach dem Petunieren des amerikanischen Tabaks mit Ammonsalzen, wobei eine Alkalinität des Blattes entsteht, und nunmehr ein intensives Bacterienleben möglich ist, ist eine bakteriologische Untersuchung ohne Werth.

Weiter ist von mir ein deutsches Präparat, um den Tabak, was den Geschmack betrifft, zu verbessern, untersucht worden.

Weil es einfach benutzt wird, um die Tabaksblätter, ehe sie zu Cigarren verarbeitet werden, einzureiben, und diese schon sofort nachher gebraucht werden können, kann von einer eigentlichen Gährung, bei welcher Reinkulturen mit im Spiele sind, nicht die Rede sein. Die Untersuchungen betreffen nur ein Muster, das mir zufälligerweise nach einem Schreiben des Herrn Haas in London in die Hände geriet. Es ist eine gelbliche Flüssigkeit, welche sauer reagiert, ein spezifisches Gewicht von 1.10 besitzt und ein gelbbraunes Sediment enthält. Der Geruch ähnelt altem Biere, der Gehalt an festem Stoff, in Extractform bei 100° C. getrocknet, ist 1.34 Prozent, während der Glühverlust 1.05 Prozent beträgt. Bei der Glühung wird ein höchst unangenehmer Geruch bemerkt. In der Flüssigkeit lässt sich weiter Nitrat, Phosphorsäure, reduzierender Zucker und Alcohol nachweisen.

Mikroskopisch betrachtet, besteht das Sediment aus langen wurstformigen Hefenzellen, die bekanntlich, wenn sie mehrmals in Reinkultur gebracht werden, in eiförmige übergehen. Auf der sauren Malzgelatine bilden sich graue Kolonien, mit weissem Saume, welcher wieder ins Graue übergeht. Wahrscheinlich ist diese Hefenzelle eine Verunreinigung des Präparates.

Weiter ist noch ein Präparat im Handel, welches hellbraun gefärbt ist, und aus aromatischen Körpern, sogenannten Estern, von angenehmem Aroma besteht, welches einigermassen an Amylacetat erinnert.

Nach einer beigegebenen Erklärung wird auch dieses Präparat benutzt, um das Aroma zu verbessern. Ich glaube nicht, das die genannten Hilfsmittel Beifall gefunden haben. Nach meiner Meinung muss da, wo wir die meteorologischen Einflüsse nicht in unserer Gewalt haben, die Verbesserung unsres Tabaks darin gesucht werden, dass der Samen in der vorher beschriebenen Weise eingesammelt wird, weiter in der Düngung und, zu nicht geringem Teil, in der Fermentationsweise. Möge die Zukunft uns zeigen, dass die Arbeit des Herrn Dr. v. Bijlert mit seinen interessanten Untersuchungen der Bodenarten von Deli, wo das Colloidal-Silicat und der Colloidal-Silicat-Humat-Complex eine so grosse Rolle spielt, auch für unsere Kultur von Wichtigkeit ist.

Morphologie und Biologie der Tabaksbakterien.

Die Hauptrolle bei der Gährung unseres Tabaks spielen der *Bacillus Tabaci I* und der *Diplococcus Tabaci.* In ihrer Form und Lebensweise ist, wie hierunten beschrieben wird, ein sehr grosser Unterschied.

Der Bacillus Tabaci Hollandicus I ist ein Stäbchen von wechselnder Grösse, je nach der Beschaffenheit des Mediums, in oder auf welchem er sich entwickelt. Eine 24 Stunden alte Agarkultur zeigt bei einer Temperatur von 37° C. Stäbchen von 5-7 Mikron Länge und 1-3 Mikron Dicke. (Fig. 8).

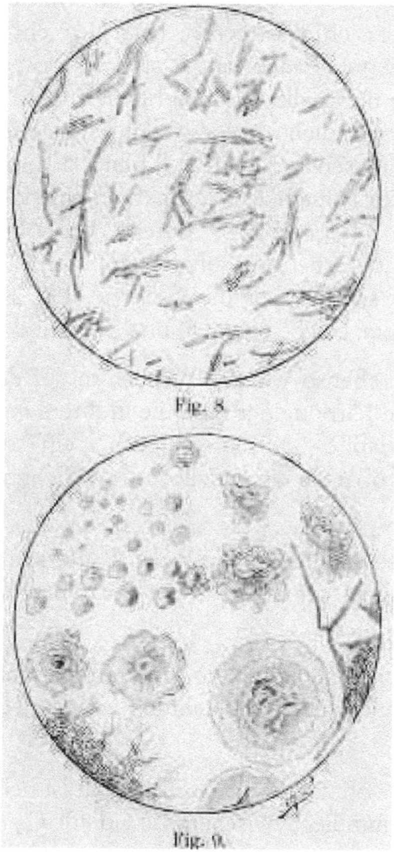

Fig. 8, Fig. 9.

Eine 24 Stunden alte Agarkultur, welche bei 24° C. gestanden hat, zeigt Stäbchen von 6-8 Mikron Länge und von 1-1.2 Mikron Dicke.

Der Bacillus Tabaci I wächst auf der schwach alkalischen Gelatine sehr eigentümlich und ausserordentlich schön in der Farbe, Entwicklung und Form.

Erstens entstehen an der Oberfläche kleine graue Pünktchen, die vom Rande ab schon früh einen wellenartigen Lauf zeigen. Besonders am Rande wird die Kolonie zierlich gewellt und sie bekommt bei auffallendem Lichte eine graublaue, bei durchfallendem Lichte eine schöne himmelblaue, eisartige oder eine blassblaue Farbe. (Fig. 9). Bald treten vom Rande ein oder mehr Fäden aus, welche gleichfalls wellenartig über die Gelatine verlaufen. Von einigen Punkten aus läuft ein Faden ganz isoliert weiter, an andern Stellen geschieht das Auswachsen von der Mutterkolonie mittels mehrerer Fäden, welche neben einander sich ausstrecken. Es will mich bedünken, dass die Bakterien in den isolierten Fäden länger sind als dort, wo Gruppen von Fäden sich einen Weg durch die Gelatine bahnen. Bei 24° C., nach 3 × 24 Stunden sinkt die jetzt grünliche Kolonie, während sie radiale Falten bildet, peptonisiert die Gelatine sehr schwach und bildet dann an ihrer Oberfläche ein grünliches gefaltetes Häutchen. Die Bakterie entwickelt Ammoniak aus diesem Nährboden. Bei einem durch Carbolfuchsin gefärbtem Klatschpräparat sieht man bei den jungen Kulturen die schöne Lage der Fäden und ihren Fortschritt über die Gelatine. Die Kolonien unter der Oberfläche bleiben klein, erscheinen gelb und sind rund oder linsenformig.

Der Gelatinestrich ist ebenso wie das Wachstum auf den Platten, er zeigt aber die blaue eisartige Färbung der Kolonie in ihrem gelappten Rand noch zierlicher. Die Gelatine verfliesst nach ein paar Tagen bei Zimmertemperatur, wobei sie ein runzliches, graulichgrünes Häutchen mit sich führt.

Der Gelatinestich lässt erkennen, dass die Bakterie eine aerobe ist, sie verfliesst oben und bildet oft in der Nähe der Oberfläche weiche, kleine, baumartige Ausläufer.

Der Stich in glukosehaltiger Gelatine ist kräftiger entwickelt als in der gewöhnlichen Gelatine; eine Gasbildung wird jedoch nicht dabei wahrgenommen.

Der Strich auf dem gewöhnlichen alkalischen Agar ist hellgrau und glänzend. Das Temperaturoptimum liegt zwischen 37 und 40° C.

Der Stich in alkalischem Agar zeigt wie der Gelatinestich sehr schwache Ausläufer; das Wachstum weist auch hier auf eine aerobe Bakterie. In alkalischer Bouillon entstehen Flöckchen, die von der Oberfläche nach dem Boden des Reagierröhrchens hinabsinken; daselbst entsteht ein schleimiges Sediment, dass sich beim Schütteln spiralförmig in die Höhe windet und am Boden festgeklebt bleibt. Auch hier bildet sich Ammoniak, das mittels

Lakmuspapier und Aufnahme des Gases in Nessler's Flüssigkeit bei Zimmertemperatur nachgewiesen werden kann. Das Wachstum in Bouillon, welche 2 % Glukose enthält, ist kräftiger, als in zuckerfreier Bouillon.

In saurer Bouillon findet kein Wachstum statt.

Auf einem Nährboden, der wie folgt zusammengesetzt ist, wächst die Bakterie ausserordentlich gut:

Tabakssaft	15.0
Kaliumphosphat	0.050
Asparagin	0.5
Glukose	2.0
Agar	2.0
Wasser	100.0
Reaction	schwach alcalisch.

Die Strichkultur ist auf diesem dunkeln Agar-Nährboden grau, glänzend, glatt, dick und mit scharfem Rande versehen. Konnte ich in den soeben beschriebenen Nährböden, auch nach monatelanger Beobachtung, wenig Veränderung in der Form des Bakterienkörpers wahrnehmen, so liegt hier die Sache ganz anders. Nach einer Woche erleiden die Stäbchen eine eigentümliche Veränderung (Fig. 10). Oberflächlich betrachtet wäre man geneigt anzunehmen, dass wir es hier nicht mit einer Reinkultur zu thun haben. Nachdem das intensive Wachstum auf dem Tabakssaftenthaltenden Medium stattgefunden hat, verdicken sich die Stäbchen und gehen ein, wobei nicht selten die Lage der Individuen an Saccharomyceten denken lässt. Einige Stäbchen, welche mehr Lebensenergie besitzen, haben noch ihre Form behalten, während auch ihr Bakterienkörper mehr gleichmässig die basischen Anilinfarben aufnimmt. Wenn man sie während 15-30 Sekunden mit kaltem Karbolfuchsin färbt, kommt der Unterschied in der Beschaffenheit des Bakterienprotoplasmas mehr zum Vorschein. Das Protoplasma erleidet von einem Punkte aus eine Veränderung. Diese Veränderung greift von dort aus mehr und mehr um sich, bis endlich der ganze Körper, ausgenommen die beiden Enden, die Eigenschaft verloren hat, den Farbstoff gleichmässig festzuhalten. Die Enden des Stäbchens färben sich viel stärker als der Inhalt. Meistens sind noch ein oder mehrere Pünktchen im Körper nachzuweisen, die gleichfalls den Farbstoff stärker aufnehmen.

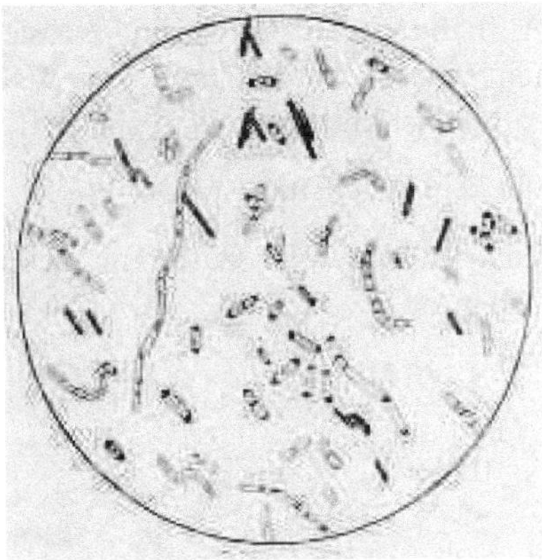

Fig. 10.

Nach einigen Sekunden Färbung habe ich oft ein schwach gefärbtes Pünktchen sich längs einer der Seiten im Bakterienkörper hin und her bewegen sehen, als ob da gewissermassen ein Todeskampf dem chemischen Agens gegenüber stattfände. Legt man von diesen Hemmungsbildungen Strich- oder Plattenkulturen an, so zeigt sich wieder die Stäbchenform, während einige der älteren Formen noch im Ruhezustand sind, jedoch erkennt man leicht, dass man es mit einer Reinkultur zu thun hat. Dieser Nährboden ist noch weiter merkwürdig, da die Bakterie hier bei 37° C. noch mit einem Alkaliegehalt von 15 cm^3 normal KOH auf 100 Teile Nährboden wächst.

In einer Tabakssaftlösung, wie sie oben angegeben, zeigen sich die nämlichen Erscheinungen. Hierin kommen lange Fäden mit kurzen Gliedern zur Entwicklung. Auch dies Nährmaterial entwickelt Ammoniak. Von Natur liefert der Tabakssaft der grünen und trocknen Blätter Nitrat, welches von der Bakterie zu Nitrit reduziert wird.

Die Bakterie trübt eine schwach alkalische Tabakssaftflüssigkeit und Wasser (20 : 100) während sie kleine Flöckchen bildet.

In einer von Haus aus schwach sauren, Tabakssaft enthaltenden Flüssigkeit findet anfänglich fast kein Wachstum statt. Der Säuregehalt vermindert langsam, damit wächst die Bakterie dann besser.

Der Bacillus Tabaci I wächst zu sehr langen Fäden mit kurzen Gliedern in einer Flüssigkeit, die auf folgende Weise zusammengesetzt ist:

Kaliumphosphat 0.050

Asparagin	0.5
Glukose	2.
Wasser	100.
Reaction	nicht geändert.

Das Asparagin wird zersezt und als Zersetsungsprodukt ist Ammoniak nachzuweisen, sowohl wenn man rotes Lakmuspapier über der Flüssigkeit anbringt, als dadurch, dass man beim Erhitzen, die gasförmigen Zersetzungsprodukte in Nessler's Flüssigkeit auffängt. Dies Reagens kann man nicht anwenden im Kulturmedium, da Glukose bei niedriger Temperatur gleichfalls mit gelber Verfärbung auf Nessler's Flüssigkeit einwirkt.

Damit man die Wirkung auf Nitrat beobachten könne, wird die Bakterie in die hierunten angegebene Flüssigkeit geimpft.

Kaliumphosphat	0.050
Asparagin	0.5
Kaliumnitrat	0.2
Glukose	2.0
Wasser	100.
Reaction	nicht geändert.

Sowohl diese als die vorige Flüssigkeit reagiert sehr schwach alkalisch. Die Bakterie zersetzt hier das Nitrat zu Nitrit, welches man leicht mit der bekannten Jodzinkstärkelösung und sehr deutlich mit Metaphenylendiamin nachweisen kann.

Bei den oben angegebenen Nährböden ist, unter gleichen Bedingungen wie Grösse der Gefässe, Temperatur u. s. w. nach der colorimetrischen Fleck'schen Methode mehr Ammoniak nachzuweisen; woraus folgt, dass wie bei den Petri'schen und Lewandowski'schen Versuchen der *Bacillus Proteus vulgaris*, auch der *Bacillus Tabaci I* Nitrat zu Nitrit und teilsweise zu Ammoniak reduziert.

Gelatine-Nährböden, welche aus Pflanzensäften (Leguminosen) mit Hinzufügung von 2% Glukose zusammengesetzt sind, lassen die B. T. I nicht zur Entwicklung kommen. Wenn die Reaktion schwach alkalisch genommen wird, so tritt eine sehr- kräftige Verflüssigung ein.

Weder in saurem noch alkalischem Malz (gehopfte Würze aus den Tropfsäcken) findet Entwicklung statt.

In Löfflers Bouillon wird kein Indol gebildet.

Auf Kartoffeln, sowohl normalen wie alkalischen, findet ein kräftiges Wachstum statt. Auch hier wird die Alkalessenz vorgezogen. Es bildet sich eine graulichbraune, dicke, glänzende Kultur. Monatelang sieht man darin microscopisch die Stäbchenform.

Auf alkalischer Kartoffelgelatine ist das Wachstum ein sehr langsames.

Milch, sowohl die normale als die alkalische oder saure, wird nicht von der Bakterie verändert, ebensowenig wächst sie auf Blutserum.

Wenn auch Zahlenangaben über eine Verminderung von Glukose ohne besonderen Werth sind, weil wir es mit eine aëroben Bakterie zu thun haben, ist es doch wichtig zu wissen, dass die Glukose zersetzt wird.

In ein Erlenmeyer'sches Kölbchen wurden 100 cm^3 der auf Seite 50 angegebenen Flüssigkeit (ohne Agar) gebracht und mit der Bakterie geimpft. Nach verlauf van 8 Tage war der Glukosegehalt von 2% auf 1.6-1.7% vermindert.

Vorher habe ich schon angegeben, dass keine Vergährung der Glukose stattfindet. Nach der Möglichkeit, ob Milchsäure oder eine andre organische Säure gebildet wird, werden Versuchen angestellt.

Der Bacillus Tabaci I ist eine obligat aërobe, unbewegliche Bakterie, welche auf verschiedenen Nährböden sehr verschieden ist in der Grösse. Sie färbt sich leicht mit den basischen Anilinfarben, dagegen entfärbt sie sich nach der Methode *Gram*. Sie bildet keine Sporen und wird bei 100° C. innerhalb einer Minute getötet. Sie stirbt bei folgender Temperatur:

100° C.	innerhalb	1	Minute.
60° C.	nach	5	Minuten.
55° C.	"	15	"
50° C.	"	30	"

Diese Bakterie gehört, den beschriebenen Eigenschaften nach, zu der Gruppe der »*Proteus*«.

Der *Diplococcus Tabaci Hollandicus* zeigt viel weniger Abweichung in seinem Wachstum als der B. T. I. Die beiden Coccen haben eine Länge von etwa 2.5 Mikron. In allen Kulturen findet man auch isolierte Coccen. (Fig. 11).

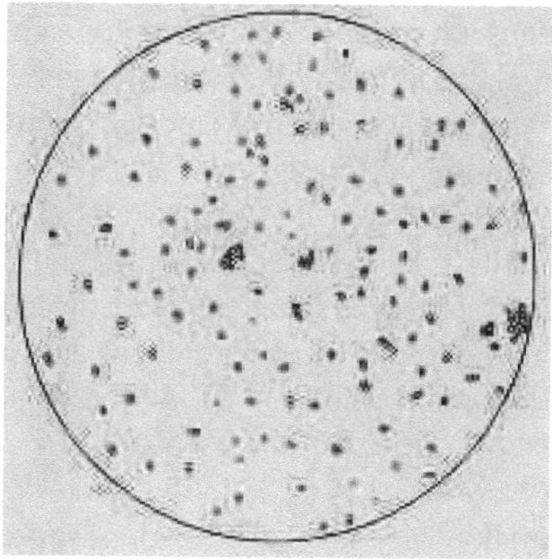

Fig. 11.

Dieser Diplococcus wächst auf der schwach alkalischen Gelatineplatte als eine scharf begrenzte, runde, glänzende, citronengelbe, kleine Kolonie, woran nicht viel besonderes zu bemerken ist. Bei Zimmertemperatur wächst der Organismus am besten und entwickelt Ammoniak wie der B. T. I.

Der Gelatinestich hat auch hier eine citronengelbe Farbe und lässt erst nach einigen Wochen eine sehr schwache Verflüssigung erkennen.

Der Gelatinestich bietet nichts Besonderes; nur erkennt man an ihm schon den aëroben Charakter der Kultur.

Auf alkalischem Agar wachst der Diplococcus gleichfalls sehr langsam und bildet eine citronengelbe Kolonie, welche sich allmählich in die Breite ausdehnt. Der Stich in Agar zeigt auch hier nichts Bemerkenswerthes.

Alkalische Bouillon wird schwach getrübt, während auch die saure Bouillon sich wenig verändert.

Auf dem Agartabakssaftnährboden, wie er beim B. T. I beschrieben worden, wächst der Diplococcus mit einer gelblichgrauen Farbe. Die Alkalitätsgrenze liegt hier bei 3 cm^3 normal KOH auf 100 Teile Nährboden, ist also viel niedriger als beim B. T. I gefunden worden ist.

Auch in einer derartig zusammengesetzen Flüssigkeit findet Wachstum statt; dabei werden die Lagen an der Oberfläche, welche mit der Luft in Berührung kommen, etwas dunkel gefärbt.

Der Diplococcus verträgt im Gegensatz zu dem B. T. I ein *saures* Medium.

In der beschriebenen Asparagin-Flüssigkeit kommt der Diplococcus nicht zur Entwicklung.

Gelatinenährböden, welche aus Pflanzensäften mit Hinzufügung von 2% Glukose zusammengesetzt sind, verflüssigen sich schneller als die gebräuchliche Nährgelatine, die alkalisch reagiert. Auch auf saurer Malzgelatine wächst der Diplococcus mit einer gelblichweissen Farbe, wobei er sehr langsam die Gelatine verflüssigt.

In saurem Malz entsteht ein geringer Niederschlag.

Auf Kartoffel, welche schwach sauer reagiert, wächst der Diplococcus langsam mit einer prachtvoll citronengelben Farbe, während er auf alkalischer Kartoffel fast nicht wächst.

Milch, sowohl normale wie alkalische oder saure, wird nicht vom Diplococcus verändert.

Auf Blutserum entsteht sehr langsam eine hell-graulich-gelbe Kolonie.

Der Diplococcus ist ebenso wie der B. T. I ein obligat aërober Organismus, welcher sich nicht bewegt; vielleicht besitzen die Diplococcen, welche von der sauren Malzgelatine genommen wurden, einige Bewegungsfähigkeit.

Es besteht wenig Unterschied in der Länge der Diplococcen auf den verschiedenen Nährböden.

Der Organismus färbt sich leicht mit den basischen Anilinfarben und entfärbt sich nach der *Gramschen* Methode. Bei der Färbung fallen die Diplococcen gewöhnlich auseinander, wobei zugleicherzeit die nicht selten ovale Form der kugelrunden weicht.

Der Diplococcus wird bei der nämlichen Temperatur getötet, wie der B. T. I.

Es findet keine Indolbildung statt.

Auf den beschriebenen Nährböden hat der Diplococcus sein kräftigstes Wachstum bei 24°-30° C.

Merkwürdig ist die Eigenschaft, dass er im Gegensatz zu dem B. T. I eine saure Umgebung verträgt und sich darin vermehrt, während der B. T. I bei höherer Alkalität ebenso gut wächst als bei niedrigerer.

Hiermit sind die vornehmsten Eigenschaften des Diplococcus beschrieben; Morphologie und Biologie bieten also hier nicht so viel Merkwürdiges als bei dem B. T. I.

Ausser den beschriebenen Mikroorganismen sind immer in grösserer oder geringerer Menge *während* der Gährung »*Proteusarten*« von mir gefunden worden. Auch deren Morphologie und Biologie ist höchst interessant. Schon früher habe ich in Kürze ihr Wachstum auf den verschiedenen Nährböden angegeben und abgebildet und zugleicherzeit die fakultative anaërobe B. T. III behandelt, welche wahrscheinlich einen nicht geringen Anteil an der Temperaturerhöhung hat.

Die *Proteusarten*, welche keine Sporen bilden und bei 50° C. schon nach kurzer Zeit sterben, sind also nach einem günstigen Verlauf der Fermentation *nicht mehr zurückzufinden.*

In den meisten Fällen sieht man im allgemeinen Grade bei der Bruttemperatur von 37° C. (30-40), dass die Mikroben kräftigere Lebensenergie besitzen. Jene Lebensenergie geht mit dem schnellen Temperaturwechsel zusammen, welcher zwischen 30-40° C. bei unserer holländischen Tabaksgährung beobachtet wird.

Hier schliessen sich die beschriebenen Versuche mit den Reinkulturen der *Proteusartigen* an, welche immer in grosser Zahl *während* der Gährung bei 30-40° C. nachgewiesen werden können, und die bei der darauffolgenden langsamen Temperaturerhöhung, wie schon früher von mir beschrieben wurde, langsam aber gewiss ihrem Tode entgegen gehen.

Diese *Proteusarten* entwickeln sich zu gleicher Zeit mit dem B. T. I (der gleichfalls zu dieser Gruppe gehört) und mit dem Diplococcus beim Anfange der Fermentation. Erst hört der Diplococcus auf, sich zu vermehren (nahe bei 30° C.), wonach die *Proteusarten* energisch zu leben anfangen, sodass nicht selten die Temperatur *innerhalb 24 Stunden von* 31° auf 34° C. *steigt.* Die Subtilis, die Mycoides und andere Bakterien, welche obligat aërob sind, jedoch in grosser Minderheit in diesem Stadium der Fermentation über die Blattoberfläche verteilt sind, werden gleichfalls den Sauerstoff aus dem Haufen benutzen und dadurch mit Ursache sein, dass die Gruppe der *Proteus* (B. T. IV u. a. aber nicht der B. T. I) ihren anaëroben Charakter offenbart. Weil diese bei höherer Temperatur und der damit zusammenhängenden verringerten Lebensenergie einen verminderten Stoffwechsel haben, so wird die Temperatur von nun an langsamer steigen, bis der Tod der *Proteus* eintritt. Die übriggebliebenen Bakterien leben noch weiter in dieser so veränderten Umgebung und bilden schliesslich Sporen, wodurch der biologische Prozess dieser Gährung zum Stehen gebracht wird.

Der Tabakshaufen wird bei 52°-56° C. umgesetzt, sodass neue Blätter, welche sich noch nicht an der Fermentation beteiligten, nach innen kommen und der Prozess wiederum von neuem anfängt. Die Personen, welche sich bei uns mit der Fermentation beschäftigen, versicherten mir, dass der Tabak, welcher einmal an der Brühung Teil genommen hat, nicht mehr im Stande sei, von neuem in energische Gährung zu treten. Dies erklärt sich durch das Absterben des Diplococcus und des B. T. I nebst der andern *Proteusarten* bei ungefähr 50° C.

Die Gährung unseres Tabaks hat also verschiedene Phasen aufzuweisen, welche mit dem Temperaturoptimum der wirksamen Bakterien übereinstimmen.

Die Gährung wird also von Aëroben und facultative Anaëroben eingeleitet und vollendet.

Den Forschern, welche sich also mit der Beobachtung der Fermentation des Tabaks von irgend welchem Weltteil beschäftigen, muss man also aus den beschriebenen Gründen anraten, die Blätter *während* der Gährung zu untersuchen[F].

Der angezeigte Weg möchte das Anfertigen einer graphischen Darstellung der Temperaturerhöhung sein, woraus man am besten erkennen kann, wie die Temperatur verläuft. Nachher können links und rechts von den Stellen der Linie, wo die stärkste Steigung der Temperatur wahrgenommen wird, Plattenkulturen angelegt werden, damit beobachtet werden könne, welche Mikroorganismen auftreten, welche bei einer bestimmten Temperatur eine kräftige Lebensenergie besitzen, und welche von ihnen bei höherer Temperatur nicht mehr aufgefunden werden, also gestorben sind.

Weiter bemerke ich hier, dass man bei einem biologischen Prozesse, wie er hier stattfindet, nicht erwarten muss, dass durch die Bakterien das Gewebe vernichtet wird. Denn die verschiedenen Mikroorganismen scheiden Stoffe aus, welche sich durch die Stomata, Membrane und Gefässe verbreiten können, um da ihre chemische Wirkung zu entfalten.

Wahrscheinlich sind dies günstig wirkende Enzyme oder andere höchst zusammengesetzte Körper.

Bei dem Delitabak, der bei mir in Fermentation gebracht wurde, fand ich eine mit unsrer einheimischen Tabaksgährung analoge Gährung. Ich sah dort bestimmte Sorten von Mikroorganismen auftreten, andere bei höherer Temperatur kräftiger leben, dagegen wieder andere sterben. Ich erwähne hier nur ein Stäbchen, welches von einer, auf alkalischer Gelatine wachsenden, runden, blauglänzenden Kolonie herstammte, welches sich bei 37° C. nicht mehr vermehrt und bei 50° C. stirbt. Welche Funktion dieses bei der Gährung ausübte, konnte ich praktisch nicht bestimmen, jedoch bleibt in dergleichen Fällen die Möglichkeit, dass die nur kurze Zeit lebenden Mikroorganismen ein Enzym bilden können, das grade bei höherer Temperatur kräftiger einwirkt.

Aus dieser umfangreichen Untersuchung der Fermentation geht hervor, dass »Bakterien«, also Mikroorganismen, die Gährung einleiten und beendigen. Von einer eigentlichen »*Gährung*«, wobei *massenhaft entweichende Gase* entstehen, kann man allerdings hier *nicht* sprechen.

Im Vorstehenden habe ich beschrieben, wie Mikroorganismen während ihrer Lebensfunktionen das Blatt angreifen, Ammoniak entwickeln, Glukose, Nitrate und Asparagin zersetzen, um schließlich aus dem Tabake ein Produkt zu bilden, wie es der Handel wünscht. Ebenso habe ich die Wirkung der wiederholten künstlichen Impfung mit Reinkulturen beschrieben und auf dem Wege der Empirie gezeigt, welche Veränderungen in Geruch, und Brennbarkeit dabei auftreten. Die weitere Erfahrung muss zeigen, welchen Nutzen die Praxis aus dem bisher Erkannten ziehen kann.

Gifte und Infektionskrankheiten.

Die Fleckenkrankheit beim Tabak ist noch immer ein Gegenstand des Studiums, und wenn auch die wahre Ursache, die nur durch das Experiment festzustellen ist, noch nicht bekannt geworden, so habe ich doch Beobachtungen genug, um ein Urteil über ihr Wesen abgeben zu können. Meine Untersuchungen sind von langer Dauer gewesen, weil die Erscheinungen, welche ausschliesslich bei dieser Krankheit auftreten, sich bei den gesunden Pflanzen in den günstigsten Verhältnissen erst drei Wochen nach der Infektion zu zeigen anfangen. Eine grosse Zahl von Pflanzen sind von mir verschiedenen Versuchen unterzogen worden. Dass hier ein sehr toxischer Stoff wirksam ist, geht schon aus der Thatsache hervor, dass 5 mgr. eines getrockneten kranken Blattes im Stande sind, die kräftigsten Pflanzen zu infizieren. (Ich gebrauche hier das Wort Infektion und nicht Intoxikation; später wird sich zeigen aus welchem Grund). Wie ich früher schrieb, habe ich oft, jedoch *nicht immer*, eine Mikrobe isolieren können, welche ein infizierendes Vermögen besitzt.

Wenn wirklich Bakterien Ursache der Fleckenkrankheit sind, so müssen diese doch immer aus kranken Exemplaren von *Nicotiana* isoliert werden können, um den Beweis zu liefern, dass nur ihnen eine infizierende Kraft zukommt. Bis jetzt ist noch nicht eine Bakterie in Kultur gebracht worden, welche für *Nicotiana* als pathogen zu betrachten ist. Aus der grossen Menge Versuche werden wir ersehen, dass wir es zu thun haben mit einem schweren Gifte, gebildet von unbekannten Mikroorganismen, oder richtiger gesagt, von unsichtbaren Teilchen, welche sich selbst vermehren und sich in den Pflanzen, oder auch in der Nähe derselben, befinden können.

Wenn wir nach dem heutigen Stand der Wissenschaft folgende Regel, welche bei den Infektionskrankheiten beobachtet wird, festhalten, so handelt es sich hier um allerwinzigste Wesen, Teilchen, welche sich vermehren, und welche als Gift für die Pflanzen zu betrachten sind.

I. Wenn der durch eine Chamberland-Pasteurkerze filtrierte kranke Blattgewebesaft gesunde Pflanzen infiziert, und dieser Saft wieder nach Filtration neue Exemplare u. s. w., so haben wir es mit Mikroorganismen zu thun, mit einem infektiösen Pflanzen-Krankheitskeim (vergleiche später Maul- und Klauenseuche).

II. Wenn der filtrierte kranke Blattgewebesaft in gesunde Pflanzen hineingebracht wird und die Krankheit verursacht, wenn weiter der aus den zweiterkrankten Pflanzen gewonnene Saft wieder nach Filtration einer neuen Reihe Pflanzen eingespritzt wird, und dies keine Krankheit erregt, so handelt es sich um toxische Stoffen, welche gebildet sind von Mikroorganismen in der ersten Versuchsreihe (wie bei Diphtherie, Tetanus.)

Ehe ich mich über diesen Gegenstand verbreite, folgen hier einige allgemeine Betrachtungen über Gifte und Infektionskrankheiten. Eine Übersicht hiervon ist notwendig, um später die Fleckenkrankheit damit vergleichen zu können.

Zuerst hat man Gifte, welche von Mikroorganismen erzeugt werden, abgesondert aus faulenden organischen Stoffen. Es waren meist stickstoffhaltige Basen. Selmi nannte diese entweder giftigen oder nicht giftigen Basen »Kadaver-Alkaloide« oder »Ptomaine«. Damals waren diese Gifte noch nicht chemisch rein gewonnen sondern noch mit toxisch wirkenden Extraktionsstoffen vermischt. Erst Nencki gelang es, aus faulender Gelatine und faulendem Eiweiss einen kristallinischen Stoff zu isolieren von der Zusammensetzung $C_8 H_{11} N$ mit einer wahrscheinlichen Struktur von:

— CH_3 —

$C_6 H_4$ NH_2

— CH_2 —

Diese Basis ist also isomer mit *Collidin*, doch verhält sich bei Erhitzung anders. Von vielen Forschern wurden bald toxische Stoffe in sehr reinem Zustande isoliert, so z. B. von Gautier 2 Alkaloide aus faulendem Fisch, *Parvolin*, $C_9 H_{13} N$, und das stark reduzierende *Hydrocollidin*, $C_8 H_{13} N$; von Guareschi aus faulendem Rindfleisch eine Basis von der Zusammensetzung $C_{10} H_{15} N$.

Dieses Suchen nach den Giften ist mit eigentümlichen Schwierigkeiten verbunden. Nicht nur, dass der Amylalcohol, welchen man beim Ausschütteln der Flüssigkeiten nötig hat, selbst Spuren von Giften enthält, sondern nach Gram könnte auch das *Cholin*, welches, nach Brieger wieder, immer die *Ptomaine* begleitet oder einen Teil derselben ausmacht, leicht in das giftige *Neurin* übergeführt werden.

Besonders Brieger hat die Untersuchungen der Gifte übernommen und glänzende Resultate erzielt. Aus verschiedenen faulenden Substanzen hat er stickstoffhaltige Basen isoliert, von denen viele keine giftige Wirkung zeigten, andere dahingegen als schwere Gifte auftraten. Letztere nannte er »*Toxine*«.

Zu den nicht giftigen oder zu denen, welche erst in grossen Dosen als Gift wirkten, gehören:

Neuridin, $C_5\ H_{14}\ N_2$, welches sich allgemein vorfindet beim Faulen von Käse, Fleisch und nach 3 Tagen bei der Fäulnis von Menschenleichen,

Gadinin, $C_7\ H_{17}\ NO_2$, aus faulendem Fisch,

Cadaverin, $C_5\ H_{16}\ N_2$, in Leichnamen nach dem 4ten Tage,

Putrescin, $C_4\ H_{12}\ N_2$, wie oben,

Saprin, wie oben,

Cholin, $C_5\ H_{15}\ NO_2$, wie oben, aber in den ersten Tagen; es zersetzt sich später in *Di-* und *Trimethylamin* und *Triaethylamin*;

das *Cholin* ist zu betrachten als *Trimethyl-oxyaethylammonium-hydroxyd.* $(CH_3)_3$ N. OH. $C_2\ H_4$ OH;

Mydatoxin und *Mydin*, wie oben.

Zu den äusserst giftigen Basen gehören:

Peptotoxin, der giftige Bestandteil vieler Peptone; es entsteht z. B. auch bei der Verdauung von Fibrin durch künstlichen Magensaft, wahrscheinlich ebenfalls durch die peptonisierende Wirkung von Mikroben,

Neurin, $C_5\ H_{13}\ N\ O$, aus faulendem Fleische nach 5-6 Tagen,

Muscarin, $C_5\ H_{15}\ N\ O_3$, ein Oxydationsprodukt von *Cholin*,

Tyrotoxicon, ein schweres Gift, gefunden in Vanille-Eis von Vaughan, weiter in Milch und vielen andern Nahrungsmitteln, besonders während der heissen Sommertage.

Chemisch nähert sich dieser Körper den *Diazobenzol*-verbindungen. Die toxische Wirkung giebt sich durch Diarrhöen kund. Es ist Flügge gelungen, dieses heftig wirkende Gift abzusondern und durch Versuche an Tieren zu zeigen, dass furchtbare Diarrhöen dadurch entstehen können, und sogar der Tod eintreten kann.

Man behauptet, dieses Gift entstehe durch eine sporenbildende, mittels Abkochung nicht zu tötende Bakterie, welche bei der günstigen Temperatur, wodurch im Sommer schnelle Vermehrung stattfindet, das Eiweiss so zersetzt, dass heftig wirkende Toxine gebildet werden.

Noch bedeutender waren die Untersuchungen der Gifte, welche aus Reinkulturen gewonnen waren. Auch hier hat Brieger sich äusserst verdienstlich gemacht. Er bekam aus dem *Staphylococcus pyogenes aureus* und dem *Streptococcus pyogenes* nicht giftige Ptomaine. Ersterer entwickelt hauptsächlich Ammoniak, letzterer Trimethylamin. Aus Typhusbacillen erhielt Brieger einen sehr toxischen Stoff, das *Typhotoxin* $C_7 H_{17} N O_2$. Weiter aus Cholera-Mikroben *Spermin*, aus Tetanusbacillen 4 Toxine, von denen das *Tetanin* sehr giftig ist, dann das *Tetanotoxin* und das *Spasmotoxin.*

Ausser diesen Alkaloid-artigen Stoffen wurden aus den Reinkulturen anderer pathogenen Mikroben noch Gifte isoliert, welche eine sehr toxische Wirkung besitzen, jedoch in chemischer Zusammensetzung sich mehr den Eiweissen nähern und deshalb auch wohl »*Toxalbumine*« genannt werden. In wässeriger Lösung sind diese Gifte von schwachem Bau, da sie schon bei 60° C. in kurzer Zeit, bei 100° sehr schnell zerstört werden. Ferner besitzen sie noch die Eigenschaft, dass sie in Wasser oder verdünntem Alcohol gelöst, durch starken Alcohol präcipitiert werden, durch Chamberland-Pasteur-Kerzen gehen, langsam oder gar nicht dialysieren und die Eiweissreaktionen geben. Diese Eiweissreaktionen sind nicht nur dem Eiweisse, sondern auch dessen Zersetzungsprodukten eigen. Das eigentliche Gift kann also, ausser dem Eiweisse, auch Verunreinigungen zugeschrieben werden. Brieger und de Boer nl. haben das Tetanus- und Diphtheriegift durch Präcipitation mit Zinkchlorid als Doppelverbindung, ausgeschieden und es nicht nur qualitativ, sondern auch quantitativ bestimmt und zwar aus Lösungen, welche nicht die Spur von Eiweiss enthielten.

Die Absonderung der Toxalbumine, Toxine u. s. w. von den Bakterien geschieht meistens mittels Filtration durch Chamberland-Pasteur-Kerzen, oder, da sie, nach Sirotinin, nicht alle gelösten Stoffe durchlassen, durch Berckefeld-Nordtmeijers Infusorienerdefilter.

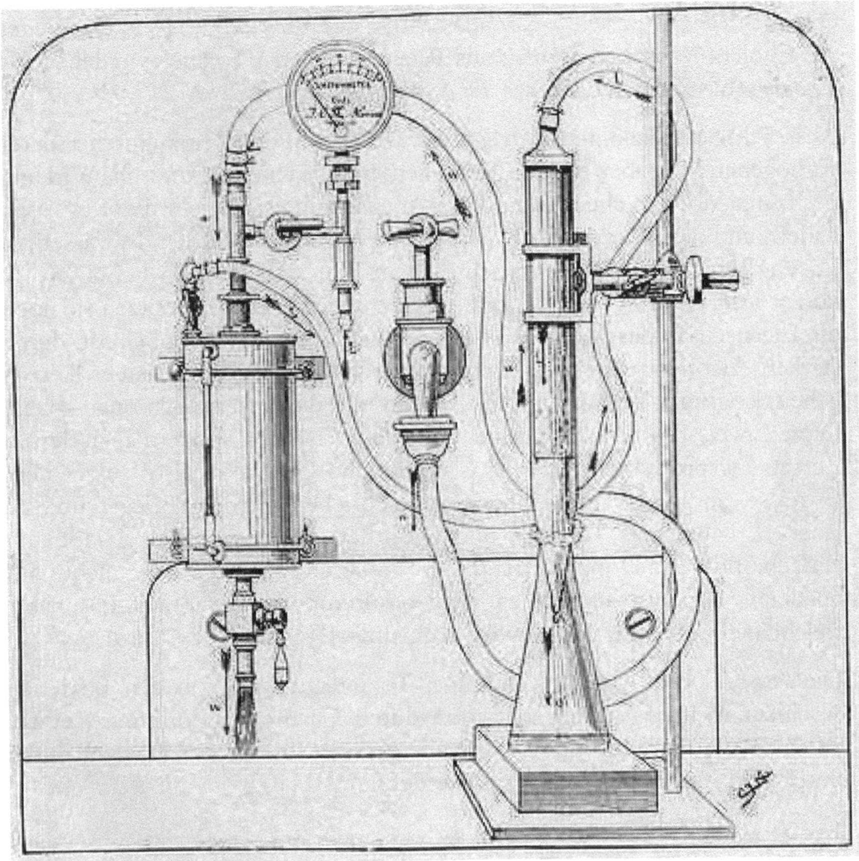

Fig. 12. Filtration durch eine Chamberland-Pasteur-Kerze unter dem Drucke der Wasserleitung.

In beigehender Figur 12 ist die Einrichtung wiedergegeben, wie sie in meinem Laboratorium besteht, und wie sie benutzt wird, um die Reinkulturen, welche in einen Vaporisator gebracht worden sind, in die Tabaksbüschel unter Luftdruck verstieben zu lassen. Links sieht man eine Wasserstrahlluftpumpe abgebildet, welche zugleicherzeit durch Wasserleitungsdruck einen konstanten Luftstrom erzielt. Die Vorrichtung ist oberhalb eines Kübels aufgestellt. Der Wasserleitungshahn lässt das Wasser (der Minimumdruck ist 2 Atmosphären) in der Richtung der Pfeile W die Vorrichtung durchströmen, während zugleicherzeit die Luft in der Richtung der Pfeile L durch die Kautschukverbindung in die rechts abgebildete Chamberland-Pasteur-Kerze gepresst wird.

Diese Kerze ist in einem gläsernen Mantel mit der gebräuchlichen Fürsorge mittels Watte abgeschlossen, mittels strömenden Wasserdampfes eine

Stunde bei 110° C. sterilisiert worden und, um etwaiger Infektion von aussen vorzubeugen, unmittelbar in Anwendung gebracht.

Diese Kerze wird nach Benutzung noch mittels Lufteinpressung kontrolliert, ob sie etwa unsichtbare Sprünge oder Risse hat, in dem Falle bilden sich Luftblasen unter Wasser. In die Kerze wird ± 20cm³ kranken Gewebesaftes von *Nicotiana* gebracht, der Verschluss hergestellt und die Filtration unternommen. Durch die zusammengepresste Luft wird innerhalb der Kerze ein Druck ausgeübt, sodass der grüne, immer bakterienreiche Gewebesaft nun hell braungelb und frei von Bakterien, die auf der Kerze zurückbleiben, aus der Kerze hervortritt.

Diese Filtration geschieht sehr langsam und das Filtrat ist vollkommen steril. Aus der Kontrolleprobe, welche auf dieses Filtrat angewendet wurde, ergiebt sich, dass 10-20 Tropfen auf dem sauren und alkalischen Nährboden (Koch) keine einzige Kolonie entstehen lassen. Alle Mikroben, welche bis jetzt mit den stärksten Vergrösserungen und als Kontrolle auf von ihnen angelegten Kulturen wahrgenommen werden können, dringen also nicht durch das unverglaste Porzellan hindurch.

Der Fall kann vorkommen, doch er würde einzig dastehen in der Litteratur, dass bei genannten Vorsorgen Mikroorganismen bestehen (siehe Maul- und Klauenseuche), welche unmittelbar die Kerze durchdringen, doch deren Dasein sich weder bei den mikroskopischen Untersuchungen noch nach dem Inkulturbringen auf diversen Nährboden offenbart. Letzteres ist nicht von so überwiegender Bedeutung, da viele sichtbare, besonders für den Menschen pathogene Mikroorganismen, lange nicht beim Züchten auf künstlichen Nährboden zur Entwicklung gebracht werden konnten.

Ferner erwähne ich, dass erst neulich (Sept. '98) mir der Fall bekannt geworden ist, dass ein Filtrat, sichtbar und bei den Untersuchungen, frei von lebenden Wesen, eine unbegrenzte Infektion von Individuum auf Individuum entfaltete. Ein Gramm kranken Gewebesaftes von *Nicotiana* enthielt meinen Kulturproben nach reichlich 2900 Mikroorganismen in sechs Arten, und keine von allen konnte Pflanzen infizieren.

Das schon genannte *Tetanusgift*, genau von Kitasato studiert, wird bei Erhitzung auf 65° C. innerhalb weniger Minuten, bei 55° innerhalb anderthalb Stunden vernichtet.

Bei Eintrocknung in einem Exsiccator zeigt sich, dass es seine toxische Wirkung behalten hat. Diffuses Tageslicht nimmt dem Gifte innerhalb einiger Wochen, helles Sonnenlicht innerhalb 15-18 Stunden seine Wirkung, in beiden Versuchen mit Zutritt von Luft. Brieger und Cohn fanden, dass 0,000.0003 gr. dieses Giftes innerhalb 4 Tagen eine weisse Maus von 20 gr. tötete, es ist also ein Gift von eminenter Wirkung. Zum Verständnis der

Fleckenkrankheit beim Tabak ist es auch nicht ohne Interesse, hier zu bemerken, dass Petri aus Cholerakulturen nebst anderen Giften auch eine giftigen Substanz isolierte, welche in ihren Reaktionen an die Peptone denken lässt, das sogenannte *Toxopepton*, das sogar die Temperatur von 100° C. *längere Zeit* erträgt, also nicht zersetzt wird, und seine toxische Wirkung dabei behält.

Weiter muss bemerkt werden, dass in den ersten Tagen der Fäulnis viele Fäulnisbakterien zusammen äusserst giftige Toxalbumine erzeugen, dass diese Giftstoffe jedoch nach Verlauf von 14 Tagen verschwunden sein können. (Scholl-Nielsen).

Zum Schluss dieser allgemeinen Betrachtungen, welche notwendig waren zum Verständnis der Gifte, einige die Fermente betreffende Mitteilungen.

Unter Enzymen und Fermenten versteht man sehr zusammengesetzte organische, sich leicht zersetzende Stoffe, welche innerhalb bestimmter Temperaturgrenzen relativ sehr grosse Mengen anderer Stoffe umsetzen können. In der Physiologie spielen sie eine grosse Rolle. Ihre Aufgabe ist es, die Stoffe, welche sich in einem, zur Aufnahme in den Organismus ungeeigneten Zustande befinden, derartig umzubilden, dass sie aufgenommen werden können.

Ich nenne hier nur den Übergang von Eiweiss in Pepton, Amylum und Cellulose in Zucker, Fette in Fettsäure und Glycerin, Saccharose in Glukose und Fructose u. s. w. Meistens können diese Umsetzungen auch durch physische und chemische Wirkungen hervorgerufen werden. So u. a. die von Eiweiss in Pepton durch Wasserdampf unter Druck, die des Rohrzuckers durch die Abkochung mit Säuren; jedoch sind diese Mittel natürlich für den lebenden Organismus nicht passend. Aus dem Grunde stehen den lebenden Wesen die Fermente zur Verfügung, sowohl den am meisten zusammengesetzten wie den einfachsten Wesen. Bei ersteren liegt die Fermentproduktion in bestimmten Drüsen, bei den letzteren in dem Zellenkörper selbst. Eine kleine Menge Ferment ist im Stande, eine scheinbar unbestimmte Quantität Stoff umzusetzen, und zwar in solcher Weise, dass das Ferment selbst sich dabei kaum ändert. Dies war Ursache, dass man früher das Ferment in die nämliche Klasse wie die allereinfachsten Wesen einreihte, welche Gährung und Fäulnis zum Vorschein rufen. Lebende Wesen, welche Gährung verursachten und Enzyme, wurden mit dem nämlichen Namen »Ferment« bezeichnet. Schwieriger wurde die Unterscheidung da, wo bei der Gährung zugleicherzeit Enzym produziert wurde. Einen deutlicheren Unterschied kann man erst angeben nach dem Studium der Gährung und der Enzym-Wirkung.

Enzyme im engeren Sinne sind chemisch aufgebaute, also unorganisierte Körper. Buchner in Tübingen hat in der letzten Zeit Versuche mit dem ausgepressten Saft feingeriebener Hefezellen angestellt, welcher unter einem Drucke von 500 Atmosphären gewonnen ist. Dieser kann unabhängig von lebenden Wesen die Gährung erwecken und erhalten. Der Gährungsprozess muss also seiner Meinung nach nicht als eine physiologische Funktion, sondern als ein verwickelter chemischer Prozess betrachtet werden, welcher durch einen enzym-artigen Stoff, die *Zymase*, hervorgerufen wird, der aber in der Natur nur in der lebenden Hefezelle gebildet wird. Später stellte sich allerdings heraus, dass dieser ausgepresste Saft eine sehr beschränkte Wirkung habe.

Pathogene Mikroorganismen können sich in bestimmten Wesen vermehren, Krankheiten erregen und sogar den Tod verursachen. Einmal geschieht die Vermehrung örtlich, d. h. auf oder in sehr begrenzten Teilen des lebenden Individuums, ein anderes Mal findet man, dass sie sich langsam im Körper oder auch ganz durch die Organe verbreiten. Es ist also möglich, den Effekt der Infektion an einem Punkte zu finden, ohne die Mikrobe, welche doch Ursache hiervon ist, entdecken zu können. All diese Fälle muss man in Betracht ziehen, und sie erleichtern die Untersuchungen nicht. Alle infektiöse Mikroben haben eine lokale Wirkung und reagieren kräftig im lebenden Individuum. Jetzt zweifelt man nicht mehr daran, dass solche Effekte durch die Verbreitung aufgelöster Stoffe entstehen, welche ihren Ausgang von der Infektionsstelle nehmen, m. a. W. »*die Infektion geht zusammen mit einer Vergiftung*«. Auch bei denjenigen Krankheiten, wo die pathogenen Mikroben durch den ganzen Körper verbreitet sind, wie bei den *Septicaemieën* der höheren Wesen, muss man die Anwesenheit solcher Gifte annehmen. Der Unterschied liegt nur hierin, dass im letzteren Falle das Gift einen kürzeren Weg zurückzulegen hat, um die Zellen und Gewebe zu erreichen und anzugreifen. Warum sollte dergleichen bei der Pflanze im allgemeinen nicht auch möglich sein? In der Erde, die sie umgiebt, an den Wurzeln oder in denselben, in den Gefässbündeln, im Xylem oder Phloëm, im Parenchym und an andern Stellen können doch auch örtliche Bakterienwucherungen entstehen, welche Gifte absondern und diese weiter führen und dann irgendwo anders das Bild der Krankheit erzeugen. Bei der Fleckenkrankheit wird aus der grossen Menge Versuche, welche an Pflanzen von mir gemacht worden sind, erhellen, dass es sich hier um ein stark wirkendes Gift handelt, welches nach unmittelbarer Wahrnehmung frei von Mikroorganismen ist, geradeso wie ein offenbar toxischer Stoff gesunde Pflanzen vergiftet.

Dies ist nicht unmöglich und schliesst sich dem an, was vorher behandelt worden ist. Merkwürdiger wird der Fall, wenn diese kranken Pflanzen wieder gesunde Pflanzen, in einer grossen Reihe auf einander folgender Versuche, befällt und da eine Infektion erregt. Man müsste also annehmen, dass wir es hier mit einem sich vermehrenden Gifte zu thun haben, wobei die unmittelbare oder mittelbare Wirkung der Mikroorganismen notwendig ist.

Zwar ist z. B. ein Individuum empfänglich für Diphterie, zwar bilden sich da örtlich die Toxine nach der Infektion und verbreiten sich von da aus, und zwar lässt das Filtrat der Diphterie-Bouillon-Kulturen ein zweites Individuum erkranken, aber dieses ist wegen der grossen Abschwächung des Giftes und durch die Bildung von baktericiden Stoffen nicht im Stande, andere Individuen zu vergiften oder zu töten.

Voriges Jahr erzielte ich mit Reinkulturen einer Bakterienart, der *Rhizobium Leguminosarum*, und mit einer *Beggiatoa* Infektion, jedoch nicht immer.

Wenn ich eine Quantität von krankem Gewebesaft benutze, um Platten davon anzulegen, so bringe ich doch das unbekannte Virus auf oder in die Gelatine.

Die ganze Menge Gelatine wird gewiss die Pflanzen vergiften, also dort Intoxikation oder Infektion entstehen lassen, denn der Gewebesaft thut es ja.

Es scheint mir denn auch gar nicht so unmöglich, ja selbst sehr wahrscheinlich, dass weder die Bakterienkultur, noch die *Beggiatoa*-Art die Pflanze infiziert, sondern das anklebende Gift oder das unbekannte, unsichtbar lebende Virus. Wenn man immer neu geimpfte Reinkulturen gebrauchte und hiermit die Pflanzen einspritzte, könnte man in diesem Punkte sicher gehen; dann ist das Gift oder der unbekannte Mikroorganismus, welcher sich auf dem künstlichen Medium, das ihm kein Nährboden ist, nicht entwickelt, zu sehr verdünnt, oder zu viel verbreitet um immerfort Infektion oder Intoxikation hervorzurufen.

Bei der stärksten Vergrösserung unter Immersion, bemerkt man im kranken Gewebe, im Protoplasma, schwach unregelmässig sich bewegende Teilchen, wahrscheinlich in der *Brownsche* Molekülarbewegung begriffen. Auch beim gesunden Gewebe wird dies wahrgenommen, und wer wird, selbst mit dem bewaffneten Auge, lebende Wesen von so äusserst winzigen Dimensionen von dem körnigen Protoplasma unterscheiden können?

Es ist von Bedeutung hier noch einen Augenblick über die *Hundswut* (*Rabies Canina*) zu sprechen. Hier hat man es mit einem für alle warmblütigen Tiere schweren Gifte zu thun, das in der Regel mittels des Speichels der hundswütigen Tiere übertragen wird. Meistens wird der Hund, doch auch der Wolf, die Katze u. a. davon ergriffen.

Der Infektionsstoff befindet sich nach den Untersuchungen Pasteurs besonders im Centralnervensystem. Bis jetzt hat man noch keine Mikroorganismen darin nachweisen können, obwohl Gibier, Fol, Babes und Cornil verschiedene Formen gefunden haben. Infektionsversuche, welche hiermit angestellt wurden, blieben ohne Erfolg. Verschiedene Forscher wie Golgi, Germano, Schaffer, Giantarco u. a. haben ziemlich dieselben histologischen Veränderungen im Rückenmark und dem Gehirne der angesteckten Tiere nachgewiesen. Ausser an diesen Stellen findet sich der Infektionsstoff noch in den grossen peripherischen Nervenstämmen und, schon einige Tage vor dem Auftreten der Krankheitserscheinungen, im Sekret der Speicheldrüsen.

Die Infektion ist am sichersten zu erzielen durch Einspritzungen einer Rückenmark-Emulsion der Menschen und Tiere, welche an der Hundswut starben (subdurale Einspritzung). Eine subcutane Einspritzung ruft nicht immer diese gefürchtete Krankheit hervor. Nach Helmann erklärt dies sich hieraus, dass bald Nerven verletzt werden, bald wieder nicht; daher auch, dass grosse Verletzungen, welche bis in die Muskel hineindringen, und weiter Bisse in nervenreiche Teile, wie des Antlitzes und der Hand, besonders gefährlich sind. Nicht unwahrscheinlich wird bei Bissen durch Kleidungsstücke hindurch das Gift entweder nicht oder nur in geringer Menge in die Wunde hineingebracht. Die Verbreitung des Giftes kann so schnell stattfinden, dass das Ausbrennen der Wunden, oft kurz nach der Infektion, ohne Erfolg bleibt. Die Krankheit offenbart sich bei Menschen selten vor dem 15ten Tag, gewöhnlich erst im Laufe des zweiten Monats, selten nach dem dritten und ausnahmsweise erst nach dem sechsten Monat. Zwischen dem Augenblicke der Infektion und dem Ausbrechen der Tollwut werden die Einspritzungen nach der von Pasteur angegebenen Methode verrichtet. Er hat das unbekannte Gift zuerst durch wiederholte Impfungen auf Affen geschwächt, und auch durch wiederholte Impfungen von Kaninchen auf Kaninchen, einen Krankheitsstoff von bestimmtem Infektionsvermögen erhalten. Indem man das Gift durch eine Reihe von, durch Pasteur ausgewählten, Tieren hindurch gehen liess, und deren Rückenmark in einem mit Watte verschlossenen Kolben, über Kalk aufgehängt, konservierte, erhielt man innerhalb 14 Tagen ein einigermassen geschwächtes Material, welches Hunde nicht mehr tötete, sondern gegen die Krankheit schützte. Hunde, welche täglich subcutan kleine Stücke dieses Materials injiciert bekamen, das 14, 13, 12 Tage u. s. w. bis auf einen Tag auf obige Weise getrocknet worden war, wurden unempfindlich gegen das schwere oder ungeschwächte Gift[G].

Das Gift der Hundswut, dies muss noch erwähnt werden, kann durch Licht, durch erhöhte Temperatur (50°- 60° C.) durch Antiseptica, weiter durch künstliche Behandlung geschwächt und vernichtet werden. Filtration des giftigen Rückenmarks durch Gypsplatten lieferte ein Filtrat, welches nach Paul Bert nicht mehr infizieren konnte.

Nachdrücklich muss ich darauf hinweisen, dass es vom grössten Interesse ist zu wissen, auf welch specielle Weise eine infektiöse Krankheit entsteht, und wie die Gifte sich physicalischen und chemischen Einflüssen gegenüber verhalten.

Zum Schlusse noch eine kurze Besprechung der *Maul- und Klauenseuche* (*Aphthae epizoöticae*), in Bezug auf welche in der letzten Zeit solche wichtigen Entdeckungen gemacht worden sind, deren Kenntnis von grösster Bedeutung hinsichtlich der Fleckenkrankheit des Tabaks ist. Um genügend Aufschlüsse über die Ergebnisse der jüngsten Nachforschungen auf diesem Gebiete zu erhalten, habe ich mich an die Herren Tierärzte Van der Sluys, Unterdirector am Abattoir in Amsterdam, und Busing in Naarden gewandt, die mir bereitwilligst ihre Litteratur in Bezug auf diesen Gegenstand zur Verfügung stellten. Beiden meinen herzlichsten Dank für ihre Hilfe.

In allen Ländern Europas zeigt sich diese für das Rindvieh so gefürchtete Seuche. Sie verbreitet sich von einem Individuum zum andern, also mittels Contact. Maul- und Klauenseuche wird, wie man annehmen muss, verursacht durch noch unbekannte, unsichtbar lebende Wesen, Mikroorganismen, die entweder selber oder durch die von ihnen abgesonderten Stoffe die Krankheitserscheinungen schon nach einigen Tagen auslösen. Alle bisher gefundenen Bakterien (Starcovici, Piana, Fiorentini, Behla, Jurgens, Bussenius-Siegel) Protozoen, protoplasmatische Körperchen oder andere corpusculäre Elemente, und irgend welche, mit dem Mikroskop sichtbare Teilchen, haben offenbar mit der Ätiologie der Maul- und Klauenseuche nichts zu schaffen. Kein Wunder also bei dem einander vielfach widersprechenden Befunden, dass eine ganze Reihe Forscher sich diesem für Ackerbau und Viehzucht so wichtigen Gegenstand widmen. In den letzten zwei Jahren ist denn auch die »Berliner Tierärztliche Wochenschrift« und überhaupt die tierärztliche Literatur voll von Meinungen, Theorien und experimentellen Nachforschungen. Jedenfalls sind die Untersuchungen nach der Ursache dieser Krankheit eben so schwierig wie nach derjenigen der Blattern, Masern, des Flecktyphus und Scharlachfiebers. Unstreitig hat in dieser Frage aber Herr C. Hecker, Tierarzt in Ermsleben, sich sehr verdient gemacht. Er hat den Weg gezeigt, die Tiere gegen Maul- und Klauenseuche zu schützen m. a. W. sie zu immunisieren (B. T. W. N°. 1897).

Dass die deutsche Regierung einsah, wie nützlich die Bekämpfung dieser Krankheit ist, geht daraus hervor, dass sie eine Kommission ernannte, in welcher Prof. Dr. Loeffler und Dr. Frosch Sitzung hatten. Mit Aufopferung grosser Kosten hat die Regierung sie mit den Untersuchungen beauftragt, und diese sind von ihnen derartig angestellt worden, dass sie die strengste wissenschaftliche Kritik bestehen können. Der Bericht dieser höchst wichtigen Untersuchungen, in welchem wir analoge Erscheinungen wie bei der Fleckenkrankheit des Tabaks antreffen werden, ist u. a. aufgenommen worden im »Centralblatt für Bakteriologie, Parasitenkunde und

Infektionskrankheiten« N°. 9/10 pag. 371, dem auch folgendes entnommen worden ist.

Wie der Name andeutet, zeigt sich die Maul- und Klauenseuche, beim Rindvieh, in der Form von Bläschen am Munde, an den Klauen und Eutern. Der Inhalt jener Bläschen besteht aus einer Flüssigkeit, einer Lymphe, worin sich corpusculäre Elemente vorfinden, doch worin normal keine Bakterien zu finden sind. Die von Siegel und Bussenius aus den Bläschen isolierte Mikrobe ist von aussen hineingedrungen, besitzt eine starke Giftwirkung im Darmkanal, ist jedoch nicht als das ätiologische Moment der Maul- und Klauenseuche zu betrachten. Loeffler und Frosch fanden konstant in den Bläschen farblose Lymphzellen, gekörnte Zellen, rote Blutkörperchen, kleine runde granulierte Scheibchen ohne Kern, bewegliche, unregelmässige, protoplasmatische Körperchen und stark lichtbrechende Körner verschiedener Grösse, keine selbstständigen Mikroorganismen. Die Krankheit kann durch die Lymphe übertragen werden auf Rinder und Kälber, bei Schweinen erkrankt nur die Hälfte. Immun scheinen sich zu verhalten: Kaninchen, Meerschweinchen, Katzen, (wiewohl Hecker von der Katze das Gegenteil behauptet in B. T. W. N°. 6, 1898) Ratten, Mäuse, Hühner und Tauben.

Der Inhalt der frischen Bläschen ist äusserst virulent, während das Blutserum erkrankter Tiere bis zu 14 cm^3, drei Kälbern subcutan eingespritzt, das Krankheitsbild nicht hervorrief. Drei Kälber, die 12, 17, und 22 Tage nach der ersten Einspritzung mit sehr wirksamem Material eingespritzt waren, erkrankten mit typischer Temperaturerhöhung, ohne dass sich Bläschen an Maul oder Klauen zeigten. Nur das erste Kalb zeigte sehr kleine Bläschen an der Stelle, wo die Einspritzung geschehen war. Unfehlbar die Krankheit erregend zeigte sich die Einspritzung der Lymphe ins Blut. Hierbei entstehen schon nach 24-48 Stunden die Bläschen an Maul und Klauen und beim Milchvieh an dem Euter. Ganz unsicher wirkt dieselbe Lymphe, wenn sie in oder unter die Haut eingespritzt wird (Vergl. Hundswut).

Weiter ist es von Bedeutung, zu wissen, dass die Lymphe durch Eintrocknung bei Sommertemperatur während 24 Stunden, durch Erhitzung auf 37° C. während 12 Stunden, und durch Erhitzung auf 70° während 1/2 Stunde unwirksam wird.

In kapillaren Röhrchen bei 0° C. bewahrt, bleibt die Lymphe 3-4 Monate wirksam. Dass wir es hier mit einem höchst giftigen Stoff zu thun haben, beweist die kleine Menge, welche benötigt ist, um nach Einspritzung die Krankheit hervorzurufen; nl. bei 1/5000 cm^3 ist die Wirkung gewiss, erst bei Mengen von 1/10000-1/20000 ungewiss.

Zweckdienlich und Schutz gewährend gegen Maul- und Klauenseuche zeigten sich die Einspritzungen mit einer Mischung von Lymphe und Serum von Tieren, welche die Krankheit durchgemacht hatten.

Wie schon mitgeteilt, erhalten nicht alle Tiere, welche die Krankheit überstanden haben, Immunität. Dies gab Anlass zu der Meinung, dass es nicht möglich sei, mittels Impfung oder Einspritzung gegen die Maul- und Klauenseuche zu schützen (Friedberger, Fröhner). Etwas Ähnliches nimmt man aber auch wahr bei den Blattern und Masern des Menschen. Auch hier erhalten nicht alle Individuen nach überstandener Krankheit sichere Immunität. Es zeigen sich also hier Unterschiede in der natürlichen Immunität, in der grösseren oder geringeren Empfänglichkeit.

Wird jedoch Blutserum von gesunden Tieren genommen und dies mit Lymphe vermischt, so erscheint die Maul- und Klauenseuche wohl. Um mich jedoch in meinen Mitteilungen über diesen so bedeutungsvollen Gegenstand kurz zu fassen, folgen nur noch einige merkwürdige Eigenschaften des unbekannten Giftes. Die schon früher beschriebenen Filtrationsversuche mittels Kerzen werden wahrscheinlich auch ein Licht aufgehen lassen über vielerlei Krankheiten, deren Ursache noch im Dunkeln liegt. Loeffler und Frosch filtrierten 1 cm^3 Lymphe verdünnt mit 39 Teilen Wasser mit Hinzufügung des *Bacillus fluorescens* zur Kontrolle. Das Filtrat zeigte sich als ein ganz keimfreies. Weder die zugefügte Bakterie noch andre Mikroorganismen kamen in ihren Kulturplatten zum Vorschein. Das Filtrat erzeugte die Maul- und Klauenseuche, als es in das Blut von Kälbern eingebracht wurde. Die nämliche Erscheinung, die als Intoxication bezeichnet wird, ist auch bei andern Krankheiten beobachtet worden; was jedoch noch unbekannt war, ist, dass der Inhalt der jetzt gebildeten Bläschen neuerdings filtriert, immerfort wieder die Krankheit hervorrief.

Im Filtrate befinden sich also Krankheitskeime, welche durch die Poren der Kerze hindurchdrangen, es wäre denn, dass das Filtrat ein Gift von eminenter Wirkung enthielte. Nach mancherlei Versuchen hat sich jedoch herausgestellt, dass eine Vermehrung des Giftes stattfindet. Brieger fand, dass 1 cm^3 des so heftigen Tetanus-giftes 20000 Mäuse tötete. Die Berechnung jedoch giebt bei dem Filtrate Löffler's zu erkennen, dass eine Verdünnung von 1 : 2-1/2 Trillion noch im Stande ist, Tiere zu vergiften, und zwar schon als das unbekannte Virus nur durch zwei Tiere hindurch gegangen war. Solche und noch durch weitere Tierpassage hervorgerufenen Verdünnungen können nicht mehr auf ein gelöstes Gift bezogen werden.

In einem späteren Bericht der mehrere Male erwähnten Kommission, welcher u. a. in der »Wochenschrift für Tierheilkunde und Viehzucht«, N°. 39, Sept. '98 enthalten ist, finden wir, dass wiederholte Filtration der verdünnten Lymphe durch sehr dichte Kitasato-Kerzen die Tiere nicht mehr mit Maul- und Klauenseuche krank machen konnte. Das krankheiterregende Agens ist also jetzt zurückgehalten worden. Wir haben es demnach zu thun mit »*Infektion*.«

Weiter giebt die Kommission noch die Mitteilung, dass Rinder noch immunisiert werden können mit einer Mischung von Immun-Serum und Lymphe, welche also eine Zeit lang mit einander in Kontakt gewesen sind. Wichtig ist auch die Beobachtung, dass das Junge eines immunisierten Rindes, welches vor dem Anstellen des Versuches sich schon in den Ställen befand, nach der Geburt sich sofort als immun erwies. Drei Tage nach der Geburt wurde es mit 1/100 cm^3 sehr wirksamer Lymphe mit dem Resultate behandelt, dass das Tier nicht erkrankte, selbst nicht nach einer zweiten Einspritzung mit 1/10 cm^3 6 Tage später. Die Mutter hat hier ihre Immunität auf das Junge übertragen. Da das von der immunen Kuh geworfene Kalb sich immun zeigte, ist es deutlich, dass die Einspritzung gegen Maul- und Klauenseuche, bei kräftigen Tieren angewendet, eine immune Nachkommenschaft erzeugen wird.

Es ist zu erwarten, dass die Resultate der hier geschilderten Versuche bald fruchtbringend in der Praxis angewendet werden können.

Die kleinsten der bekannten lebenden Wesen sind die von Pfeiffer aufgefundenen Influenzabakterien. Wären die Mikroorganismen der Maul- und Klauenseuche 1/10-1/5 so gross wie diese, was nicht unmöglich sein würde, so könnten sie nach der Berechnung von Prof. Abbe in Jena, als die Grenze des Vergrösserungsvermögens unserer Mikroskope übersteigend, selbst unter den besten modernen Immersionssystemen nicht mehr wahrgenommen werden. Die Untersuchungen nach ihrer Anwesenheit im Filtrate werden fortgesetzt und sind von grösster Wichtigkeit. Die Zeit wird dann ausweisen, ob andere ansteckende Krankheiten, deren Ursachen jetzt noch unbekannt sind, auch ähnliche Verhältnisse darbieten. Man denke nur an die Blattern, das Scharlachfieber, die Masern, den Flecktyphus, die Rinderpest u. a. m., nach deren Ursache so oft vergebens gesucht worden ist.

Aus diesen Beschreibungen der Gifte, welche Krankheiten erregen und oft den Tod zur Folge haben, erhellt, dass sie sich chemischen Reagenzien, physicalischen Einflüssen, der Filtration durch Kerzen und dem Experimente auf lebenden Wesen gegenüber ungleich verhalten. Fremdartig und noch unerklärlich ist hierbei das Gift der Hundswut und das der Maul- und Klauenseuche.

Jetzt nach diesen Betrachtungen über verschiedene Krankheitsstoffe ist zu sehen, wie es mit dem Gift der Fleckenkrankheit beim Tabak steht, und mit welchem Virus es sich vergleichen lässt.

Die Flecken- oder Mosaikkrankheit des holländischen Tabaks.

Wie bereits im vergangenen Jahre mitgeteilt, offenbart sich die Flecken- oder Mosaikkrankheit bei unserem Tabak in der Form von dunkelgrünen Flecken, die stets bei jungen Blättern zwischen den Nerven und längs derselben ihren Ursprung nehmen. Bei älteren Pflanzen zeigt sie sich in der Form von unregelmässig liegenden Flecken, die allmählig braun werden. Wenn auch in der Regel der Tod der Pflanze bei dieser Krankheit nicht eintritt, so werden die Blätter doch so verändert und missgestaltet, dass sie keinen Handelswert mehr besitzen. Wenn man in Betracht zieht, dass die von den Züchtern so sehr gefürchtete Krankheit jedes Jahr mehr um sich greift, so ist es nicht ohne Bedeutung, ihre Ursache zu erforschen und wo möglich die Mittel liefern, welche der Flecken- oder Mosaikkrankheit vorbeugen. Im Laufe dieses Jahres sind mit einer grossen Anzahl von Pflanzen Versuche angestellt worden. Um ein deutliches Bild von dem Verlauf der Krankheit zu erhalten, folgt hier die Beschreibung eines der zahlreichen Fälle, bei welchen die Fleckenkrankheit künstlich verursacht worden ist.

Am 2. Juni 1898 wurden mir durch Herrn N. van Os zu Amerongen einige Hundert junge Tabakspflanzen geschickt, die soweit sichtbar, vollkommen gesund waren. Einige Tage später erhielt ich zwei fleckenkranke Pflanzen, die streng isoliert und in ständiger Beobachtung gehalten wurden. Diese kranken Exemplare wuchsen sehr langsam; die Flecken wurden immer dunkler, während die Krankheit sich in den verschiedenen Blättern langsam verbreitete.

Eine vollkommen gesunde, junge Pflanze erhielt am 5. Juli, wie Figur 13 *A* angiebt, einen Einschnitt mit einem sterilisierten Messer in den Stengel bis an das Gefässbündel. In diesen Einschnitt wurde ein sehr kleines Stückchen eines gefleckten Blattes von einer der kranken Pflanzen gebracht. Ein gleiches Stückchen Tabaksblatt wurde gewogen, nach Trocknung der Gewichtsverlust bestimmt und dieser als die Menge Gewebesaft berechnet, der ursprünglich darin war. Nach meiner Berechnung waren ungefähr 34 mgr. Blattsaft in den Einschnitt gebracht worden. Man kann aber ruhig annehmen, dass unter den günstigsten Verhältnissen wenige Milligramm, ja vielleicht nur Zehntel oder Hundertel eines Milligramms durch das Gefässbündel aufgenommen und fortgeführt werden. Am 20. Juli begann sich am Rande eines jungen Blattes zwischen ein paar kleinen dünnen Nerven ein dunkles Fleckchen zu zeigen. Im Verlauf der folgenden Tage erschienen an den anderen jungen Blättern ebenfalls Fleckchen, während das Blatt selbst durch Vergrösserung des Pallisadengewebes ein unebenes, unregelmässiges Aussehen bekam. Auch der Blattrand wurde gleichzeitig sehr abnormal, hier und da eingeschnürt oder eingebuchtet. (S. die Formen der fünf jungen Blättchen rechts unten in fig. 14.)

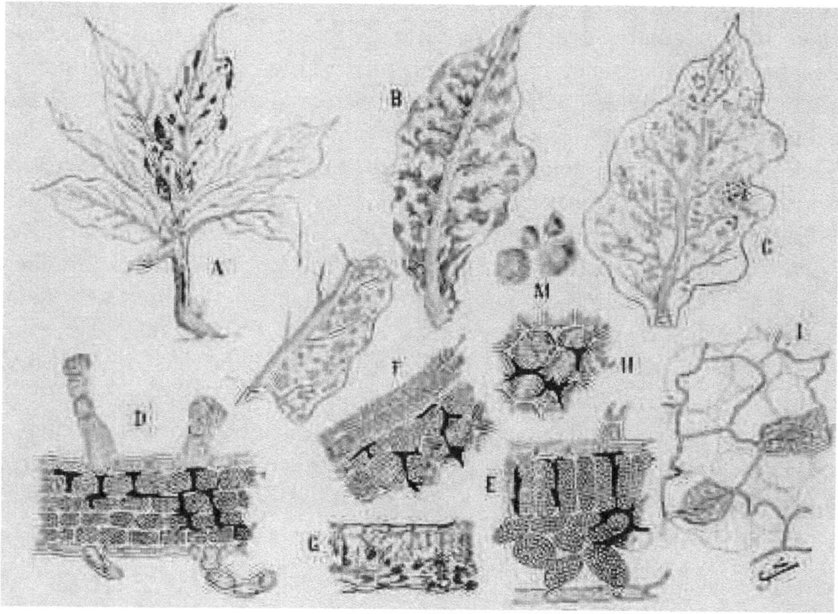

Fig. 13. Die Flecken- oder Mosaikkrankheit des Tabaks.

Die Anzahl der Flecken, die noch stets von Tag zu Tag an Ausdehnung zunahmen, jedoch untereinander isoliert blieben, wurde ständig grösser. Am 1. August waren die inneren Blätter vollkommen dunkelgrün und zeigten nur hier und da noch das reine normale Hellgrün. Einige der älteren Blätter, solche also, die sich unten an der Pflanze befanden, hatten unregelmässig liegende, kleine Fleckchen von einer andern Farbe. Man sollte nicht vermuten, dass die Krankheit auf solche verschiedene Art in die Erscheinung treten kann, da doch die Ursache dieselbe ist. Wir finden hier eben die Wirkung des Giftes auf junge, zarte und auf ältere Gewebeelemente. Am 9. August waren zwei der untersten Blätter stark punktiert. Hier lagen die Fleckchen nicht zwischen den Nerven, sondern scheinbar ganz unregelmässig verteilt. In *B* sehen wir den Zustand eines jungen, also Spitzenblattes, in *C* denjenigen eines der untersten Blätter abgebildet. Die Farbe der Fleckchen der punktierten Blätter zeigt sich zuerst als graublau, doch geht sie im Laufe der Tage in rotbraun über und endigt dort mit dem Tod des Gewebes. Bei den grösseren Flecken nimmt man konzentrisch gefärbte Ringe wahr, von denen die am meisten nach aussen liegenden stets am dunkelsten sind. (Fig. *M.*) Wenn wir die Tabaksfelder besuchen, sehen wir bei den kranken Exemplaren die jüngsten Blätter im Zustande *B*, die älteren im Zustande *C*. Einige Felder sind selbst rot gefärbt und scheinen wie mit Blut übergossen. Die Krankheit herrscht dann auf solch einem Felde sehr stark und zeigt sich in dieser Form Jahr für Jahr. Es ist eine öfters beobachtete Erscheinung, dass Pflanzen, die verwundet oder krank sind, einen roten Zellsaft bilden. Wahrscheinlich ist dieser Umstand, auch nach den neueren Untersuchungen von Flammarion, günstig für die Atmung. Nicht alle Lichtstrahlen haben dabei eine gleiche Wirkung. Im gelben Licht ist die Zerlegung der Kohlensäure am stärksten und nimmt nach den Spektrumfarben nach links und rechts ab. Die Spaltung der Kohlensäure findet also stärker hinter gelben und roten, schwächer dagegen hinter blauen Farben statt. Dies ist auffallend, da doch gerade die blauen Farben mit ihrer kürzeren Wellenlänge zu den intensiv wirkenden chemischen Strahlen gehören, und z. B. das photographische Papier am stärksten zersetzen. Könnte auch hier nicht die rotbraune Farbe der Flecken die Pflanze im Kampfe gegen die schädlichen Einflüsse der Krankheit beschützen und dadurch die Assimilation befördern? Im September sind alle jungen Blätter dunkelgrün gefleckt und dabei vollständig missgestaltet, während die älteren ganz dunkelbraun gefleckt sind. Nicht selten fallen aus den Blättern ganze Stücke heraus und scheint es, als ob Insekten das Blatt ausgefressen hätten. (S. die punktierte Linie in Fig. *C*)[H].

Dies ist der gewöhnliche Verlauf der Krankheit. Unter den günstigsten Verhältnissen werden im Sommer und nach abwechselndem Wetter die jungen Pflanzen innerhalb drei Wochen krank. Gelangt das Virus in ältere Pflanzen, dann entsteht die Krankheit etwas später. Dabei ist noch ein Unterschied in der Zeit zu beobachten, wenn das Gift in den Stamm oder in den Hauptnerv der jungen oder älteren Blätter gebracht wird. Bei einer nur oberflächlichen Verwundung des Parenchyms des Stammes habe ich mehrere Male die Krankheit ausbleiben sehen. Es hat den Anschein, als ob das Gift sich den Gefässbündeln entlang verbreitet und dann ist das Phloëmbündel hierfür der angewiesene Weg.

Die mikroskopische Untersuchung der kranken Blattteile bringt nicht viel an's Licht. Man sollte eigentlich das Gegenteil vermuten, da doch gerade das Krankheitsbild hier so scharf umschrieben ist. Im allerjüngsten Zustand der Fleckchen bei sehr jungen Blättern, wo noch keine Trennung in Pallisaden- und Schwammparenchym stattgefunden hat, trifft man zwischen den Zellen dunkelblaugrün aussehende Streifen sowie Bläschen an, die man am besten mit Luftstreifchen vergleichen kann, welche sich zwischen den Zellenwänden befinden (*D*). Es ist mir nicht gelungen, die Flecken dadurch zum Verschwinden zu bringen, dass ich ein Blatt in einen luftleeren Raum brachte und darin behielt. Auch in einem älteren Stadium, wo bereits die Trennung zwischen Pallisadengewebe und Schwammparenchym eingetreten ist, werden Streifen und Bläschen noch angetroffen (*E*). Macht man einen Längsschnitt, dann wird wieder dasselbe wahrgenommen (*F H*). Stets zeigen sich bei den dunkelgrünen Flecken obige Abweichungen zwischen den Zellen, die ich durch schwarze hier und da untergebrochene Linien angegeben habe (*D E F H*). An der Oberhaut (*I*) werden keine Veränderungen beobachtet. Betrachtet man die Flecken *C* bei stärkerer Vergrösserung, dann sieht man die Oberhaut zusammengeschrumpft, vertrocknet und verfärbt. Das Chlorophyll ist desorganisiert und die Zellwände sind verschwunden. Es ist gerade so, als ob Insekten das Blattparenchym weggefressen hätten (*G*). Dies sind die einzigen Veränderungen, die mit dem Mikroskop beobachtet werden konnten.

Eine grosse Anzahl Pflanzen ist von mir auf Mikroorganismen untersucht worden, jedoch nur in einzelnen Fällen habe ich Bakterien in Pallisadenzellen gefunden, welche aber nach wiederholter Übertragung auf Nährböden, wobei wie beschrieben das vielleicht vorhandene, unsichtbare Virus verdünnt wurde, keine Pflanzen zu infizieren vermochten. Wiederholte Versuche wurden gemacht, um vermittelst feiner Pincetten von einem kranken Blattteilchen die Epidermis an beiden Seiten zu entfernen, was einige Male gelang. Vom Inneren des Blattes wurden dann Plattenkulturen angelegt, die abgesehen von einzelnen bekannten, sehr viel vorkommenden Pilzcolonien scheinbar steril blieben. Als Nährböden hierfür wurden gebraucht die alkalische und saure Nährgelatine von Koch, Tabakssaft-Gelatine, Malz-Gelatine und der von Beyerinck angegebene *Leguminosen*-Nährboden. Ebenso entwickelten sich auf oder in einem sauren oder alkalisch reagierenden Nährboden, der wie folgt zusammengestellt war, keine Kolonien: Tabakssaft 5, Kaliumphosphat 0, 050, Asparagin 0,5, Glukose 2,0, Gelatine 10,0 oder Agar 1,5, Wasser 100,0.

Ein einziges Mal entwickelte sich Gas in schwach alkalischer Bouillon, welche zu anaërober Kultur benutzt wurde (verursacht durch einen Organismus, welcher schwierig von Coccen zu unterscheiden ist).

Viele Male sind auch grössere kranke Blattteile zur Untersuchung genommen worden. Zuerst wurden die beiden Blattoberflächen gut abgewaschen, dann mit sterilen, nassen Wattepfropfen abgerieben und darauf mit sterilem Wasser abgespritzt. Es gelang mir unter einer ganzen Reihe von Platten mehrere Male, Mikroorganismen zu isolieren, die, von der Plattenoberfläche genommen, junge Tabakspflanzen krank machten. Die Krankheit trat nicht stets ein, wenn ich mit viele Malen übergeimpften Kulturen arbeitete. Ich erreichte eine Erkrankung mit drei Mikroorganismen, mit einem *Rhizobium Leguminosarum*, einer *Beggiatoa*- und einer *Streptothrix*-Art. Wie gesagt, trat eine Erkrankung öfters nicht ein, wenn ich Überimpfungen gebrauchte. Das fiel mir besonders auf, und bestärkte mich in meiner schon oben erwähnten Ansicht, dass die von den ursprünglichen Platten abgenommen Kulturen ein unbekanntes, unsichtbares Gift, wenn auch in höchst starker Verdünnung, enthielten; denn eine minimale Menge Saftes von krankem Gewebe ist immer im Stande, die Fleckenkrankheit zu verursachen.

Im Oktober 1897 wurde in einen kühlen Treibkasten Tabakssamen gesät, um Versuchspflanzen zu bekommen. In der Zwischenzeit wurde Erde, in der kranke Pflanzen gestanden hatten, und die an deren Wurzeln hängende Erde auf Mikroorganismen untersucht. Nach Lage der Sache ist dies eine sehr schwierige Untersuchung, wenn man bedenkt, dass die Anzahl Mikroorganismen per Gramm darin einige Hunderttausenden bis Millionen beträgt. Aus einer grossen Anzahl Platten wurden damals 8 Mikroorganismen isoliert, die im Februar 1898 auf junge Pflanzen geimpft, die Fleckenkrankheit nicht hervorbrachten. Sie waren also nicht das ätiologische Moment derselben. Auffallend war es, dass an den jungen Wurzeln der Tabakpflanzen häufig *Streptothrix chromogena Gasperini* angetroffen wurde.

Dieser Mikroorganismus, welcher zur Familie der *Streptothricheen* oder besser *Actinomyceten* gehört, hat in seiner Form viel Ähnlichkeit mit den Fadenpilzen, auch erinnert er an die Bakterien. Ebenso wie die Pilze bildet er aus runden Keimzellen (Sporen) cylindrische Fäden, welche sich dichotomisch verzweigen, und sich dem unbewaffneten Auge als ein Mycelium darstellen. Einige fruchttragende Hyphen erheben sich über dem Substrat in die Luft und fallen dann, als Oldien in Ketten von runden Keimzellen oder Sporen aus einander. Bei starker Vergrösserung zeigen die *Streptothricheen* viel Ähnlichkeit mit den Bakterien. Es sind sehr dünne Faden, welche ursprünglich keine Scheidewände besassen, und welche sich durch Sprossungen verzweigen. In älteren Kulturen zerfallen die Fäden in kurze Stäbchen und kokkenartige Glieder. Nicht selten findet man auch die Spirillenform, weil die *Streptothricheen* stark gekrümmt und gewunden sind. Die Untersuchungen, welche in der letzten Zeit über diese Pilzgruppe angestellt wurden, haben die Frage aufwerfen lassen, ob sie nicht im genetischen Verhältnis zu der Gruppe der *Diphtherie* und der *Tuberculose* stehen.

Dies ist noch nicht ganz sicher festgestellt, jedoch könnten dann die beiden letzteren Gruppen von den *Actinomyceten* hergeleitet werden. Es sind sehr verbreitete Saprophyten, die pathogenen unter denselben (*Aktinomyces* bovis etc., *S.* sen *A. violacea* u. a.) scheinen nicht selten parasitisch werden zu können. Genannte *S.* sen *A. chromogena Gasperini* ist bekannt als einer, der aus Nitraten leicht Nitrite bildet. Wie sich später zeigen wird, ist er nicht als pathogen für *Nicotiana* zu betrachten, wiewohl ich nach Impfung der Pflanze mit Erde eine Veränderung im Blatte traf.

Häufig habe ich, wie ich schon in »de Natuur« pg. 330, 1899 beschrieben habe, den *St.* sen *A. chromogena* in den Risse der verwitternden Granite, Basalte und Hornblendeschiefer der erratischen Blöcke unseres Gooiländischen Diluviums, und in Zandbergen's Waldboden, wenn ich nach Frank's Mykorhizen vergebens suchte, aufgefunden.

Wenn der *Löffler*'schen Bouillon ein wenig Nitrat zugesetzt wird, so ist innerhalb 24 Stunden nach Impfung mit diesem Pilze durch das bekannte Reagens schon Nitrit nachzuweisen. In Leitungswasser geschieht dies nicht.

Erst nachdem ich die Überzeugung erhalten hatte, dass auf diese Weise die pathogenen Mikroorganismen nicht aufzufinden wären (weder durch aërobe noch durch anaërobe Methoden), habe ich einen anderen Weg eingeschlagen, um dem unbekannten Virus auf die Spur zu kommen.

Allein schon die Thatsache, die auch weiter unten bei den Versuchen angegeben ist, dass eine kleine Menge — einige Milligramme — Saft von krankem Gewebe im Stande ist, gesunde Pflanzen krank zu machen, und einige Milligramme Blattgewebe dieser letzteren Pflanzen immer wieder von Neuem auf andere gesunde Pflanzen die Krankheit übertragen können, diese Thatsache musste in mir die Vermutung erwecken, dass hier eine Vermehrung des Giftes vorlag, und dass diese Vermehrung nichts anderem zugeschrieben werden konnte, als lebenden Organismen, die sich vorläufig noch der Wahrnehmung entzogen.

Die folgenden Versuche machen dies deutlich. Die Versuche sind nicht an einzelnen Exemplaren, bei denen es sich um etwas Zufälliges handeln könnte, sondern bei mindestens 5-10 Pflanzen angestellt worden.

VERSUCHSREIHEN.

I. Erde, aus Amerongen stammend, in der im Herbst 1897 kranke Pflanzen gestanden hatten, wurde durch eine Chamberlandkerze im Verhältnisse von 300 Erde zu 300 Wasser filtriert. Etwas von dem Filtrat wurde in die Hauptnerven eines jungen Blattes gebracht. Es entstand keine Erkrankung.

II. Dieselbe Erde, nicht filtriert, bewirkte ebenfalls keine Erkrankung.

III. Erde aus Amerongen, in der im Frühjahr 1898 kranke Pflanzen gestanden hatten, wurde wie oben filtriert und vom Filtrat etwas in den Hauptnerv eines jungen Blattes gebracht. Keine Erkrankung.

IV. Dieselbe Erde, nicht filtriert, verursachte auch keine Erkrankung.

V. Erde aus Amerongen, im September 1897 von den Würzelchen kranker Pflanzen gesammelt, im Verhältnisse von 20 Erde zu 20 Wasser wie oben filtriert, gab keine Veranlassung zur Erkrankung.

VI. Dieselbe Erde, nicht filtriert, auch nicht.

VII. Erde, im Juni 1898 von den Würzelchen kranker Pflanzen gewonnen und filtriert, liess die Krankheit nicht zur Entwickelung kommen.

VIII. Dieselbe nicht filtrierte Erde war auch wirkungslos.

IX. Im Oktober 1897 wurden 8 Pflanzen, die alle krank waren und in Töpfen standen, abgeschnitten. Die Töpfe mit der Erde wurden dann draussen an einem trockenen Platz aufbewahrt. Im Frühjahr 1898 wurden die Erde und die noch anwesenden Wurzeln fein zerrieben. Darauf wurden in diese junge Pflanzen gesetzt, die das ganze Jahr hindurch gesund blieben. Bei einem gleichen Versuch, der ausserhalb meines Wohnsitzes angestellt wurde, hatte man beobachtet, dass nur einige Pflanzen in diesem Sommer Flecken zeigten, und dass die Flecken bald darauf wieder verschwanden. Dies stimmt wahrscheinlich überein mit dem sogenannten »Kopbont«, von dem die Züchter behaupten, dass es der Einwirkung kalter Nächte zugeschrieben werden muss.

Aus all diesen Erdversuchen erhellt, dass das Krankheitsagens aus der Erde verschwinden oder doch so abgeschwächt werden kann, dass es nicht mehr im Stande ist, die Krankheit zu erregen. Im Versuch VII und VIII wird wahrscheinlich das Virus nicht vorhanden gewesen sein. Ich vermute auf Grund obiger Versuche, dass im Boden Verhältnisse obwalten können, die das Gift entweder zerstören oder abschwächen. Dies stimmt mit dem überein, was in Wirklichkeit auf den Tabaksfeldern beobachtet wird. Es würde traurig mit der ganzen Kultur bestellt sein, wenn das Gift sich ständig im Boden hielte. Die unvermeidliche Folge würde sein, dass im Laufe der Jahre dort, wo einmal die Krankheit bestanden hat, sie sich stets auf alle Pflanzen ausbreiten würde. Wird eine kranke Pflanze aus dem Boden herausgezogen und auf demselben Platz eine gesunde eingesetzt, dann zeigt diese bald die Symptome der Fleckenkrankheit. Dies ist eine allgemein beobachtete Thatsache. Ein infizierendes Vermögen muss dem Boden, auf dem die Pflanzen stehen, bestimmt zugeschrieben werden. Das Trocknen infizierter Erde scheint auf Grund der oben beschriebenen Versuche desinfizierend zu wirken.

X. Ein Streifchen eines getrockneten kranken Blattes vom Herbst 1897 wurde in den Stamm einer gesunden Pflanze gebracht mit dem Resultat, dass die Fleckenkrankheit eintrat, allerdings etwas später, als man erwartet hatte.

XI. Ein Streifchen eines frischen kranken Blattes, von einer der mir zugesandten kranken Pflanzen herstammend, wurde in den Stamm einer gesunden Pflanze gebracht. Nach drei Wochen begann sich die Erkrankung an den jungen Blättern zu zeigen. Wenn ich hier annehme, dass die mir zugeschickte Pflanze das thatsächliche Agens der Fleckenkrankheit enthielt, dann repräsentiert die geimpfte Pflanze die erste Versuchsreihe. Hier könnte also noch eine »Intoxikation« eingetreten sein.

XII. Unter den nöthigen Vorsichtsmaassregeln wurde aus dem Stamm der Pflanze XI das Xylem- und Phloëmbündel in der Nähe des Hauptnerven eines Blattes ausgeschnitten, und in den Hauptnerven eines jungen Blattes einer gesunden Pflanze gebracht. Die Fleckenkrankheit trat ein. Hier haben wir die zweite Versuchsreihe vor uns und hier kann man schon weniger gut annehmen, dass eine »Intoxikation« stattgefunden habe. Mikroskopisch zeigt der Gefässbündelschnitt absolut keine Abweichung. Das Präparat ist in allen seinen Teilen durchsichtig, und es befinden sich in ihm keine Luftstreifen.

XIII. Kranke, fein geschnittene Blattteile wurden in frischem Zustande im September 1897 in Glycerin ausgezogen. Den Winter über sind diese stehen geblieben mit dem Zweck, wenn möglich ein organisches Gift oder Enzym aus ihnen zu erhalten. Junge, gesunde Pflanzen zeigten nach Einspritzung des filtrierten oder nicht filtrierten Glycerins keine Erkrankung. Es schien mir, als ob die Pflanzen in gewisser Weise unter der Einwirkung des Glycerins litten, was sich durch ein schlaffes Herabhängen der Blätter offenbarte.

XIV. In gleicher Weise wurde eine grosse Menge kranker Erde mit ebenfalls negativem Resultat behandelt. In den beiden letzten Fällen hatten sowohl das erkrankte Blattgewebe wie die Erde ihre Giftigkeit verloren. Glycerin wirkt also zerstörend.

XV. In geschlossenen Röhrchen wurde Saft von krankem Blattgewebe, von Pflanze XII abstammend, zehnmal mit Wasser verdünnt und in verschiedener Weise erwärmt.

30	Minuten	bei	40° C.
20	"	"	50° C.
20	"	"	60° C.
10	"	"	70° C.
10	"	"	80° C.
5	"	"	90° C.
5	"	"	100° C.

Mit dem so behandelten Gewebesaft wurden gesunde Pflanzen in den Hauptnerven eines Blattes geimpft mit dem Erfolg, dass alle Pflanzen krank wurden. Hier haben wir also mit der dritten Impfungsreihe zu thun. Die Wahrscheinlichkeit, dass ich mit einem Toxin zu thun hatte, wurde geringer. Alle Versuche wiesen auf die Anwesenheit von Mikroorganismen hin. Voraussetzend, dass alle Pflanzen gleich stark waren, ist allerdings nach Erwärmung auf 100° eine Abschwächung des Krankheitsagens wahrgenommen worden. Die Erkrankung trat hier beinahe 14 Tage später auf als in den andern Fällen.

XVI. Ein Streifchen eines kranken Blattes von einer der Pflanzen aus XV wurde in den Hauptnerven eines jungen Blattes einer gesunden Pflanze gebracht. Es kam wiederum zur Erkrankung, ohne dass eine Abschwächung sich durch eine Verlängerung der Inkubationszeit bemerkbar machte. Wir befinden uns hier bereits in der vierten Reihe der Ueberimpfungen.

XVII. Der verdünnte Blattsaft einiger durch die Fleckenkrankheit angegriffenen Pflanzen wurde durch eine Chamberlandkerze filtriert. Das Filtrat war, soweit wahrzunehmen, steril. Wenn mit dem Filtrat gesunde Pflanzen in den Blattnerven geimpft wurden, trat wiederum die Krankheit auf. Die Zeit zwischen Impfung und Erkrankung war viel grösser als sonst, ebenso wie bei XV beobachtet wurde[1].

Wiederholte Filtration (2-4 mal) von Gewebesaft kranker Pflanzen lieferte ein Filtrat, das nicht mehr im Stande war, die Pflanze zu infizieren.

XVIII. Der Saft der kranken Blätter von XVII wurde ebenfalls filtriert mit dem Erfolg, dass gesunde hiermit geimpfte Pflanzen auch erkrankten. Ich meine, dass dieser Versuch überzeugend darthut, dass man hier mit Mikroorganismen zu thun hat, die so klein sind, dass sie die Kerzen durchdringen können. Ich habe es hier mit einem sich vermehrenden, also lebendigen Gifte zu thun und bringe daher dies Virus zu den Mikroorganismen. Wir hätten hier also eine »Infektion« vor uns. Wahrscheinlich besitzt der unbekannte Organismus zwei Formen, eine vegetative und eine Sporenform, analog den Bakterien.

XIX. Der Saft kranker Blätter wurde mit absolutem Alkohol behandelt. Die klar obenstehende Flüssigkeit wurde mittels Hebels abgenommen und neuer absoluter Alkohol hinzugefügt. Dieses wurde einige Male wiederholt, um die Einwirkung des starken Alkohols auf den Gewebesaft zu erhalten. Es entstand ein grau-grüner Niederschlag, der bei niedriger Temperatur eingedampft wurde. Das so erhaltene Präcipitat wurde in den Blattnerven einer gesunden Pflanze gebracht. Erkrankung trat nicht ein. Absoluter Alkohol wirkt also zerstörend.

XX. Den Saft von erkrankten Blattteilen, der Pflanzen »infiziert«, hatte ich 4 Wochen lang in einem durch Watte verschlossenen Kölbchen sich selbst überlassen. Wurden hiermit Pflanzen geimpft, dann blieben sie vollkommen gesund. Das unbekannte Virus wird also zerstört, wenn man den infektionstüchtigen Saft längere Zeit stehen lässt.

XXI. Die an den Wurzeln von *Nicotiana* gefundene *St.* sen *A. chromogena Gasperini* konnte Pflanzen nicht infizieren. Einige Pflanzen wurden einer kräftigen Ernährung mit Kaliumnitrat ausgesetzt. Die in die umgebende Erde und in das Gewebe gebrachte *Streptothrix* machte die Pflanze nicht krank. Es scheint hier nicht so viel Nitrit gebildet zu werden, dass dies schädlich auf die Pflanzen wirkt. Jedoch zeigten die sehr dunkelgrünen Blätter viele reinweisse Pünktchen. Ob dies zufällig war, konnte ich nicht entscheiden, da nur an zwei Pflanzen dieser Versuch gemacht worden war. Auf einigen Feldern beobachtete man viele dieser weissen Pünktchen auf den Blättern.

XXII. In den Monaten September und October erweckten die Einspritzungen des Saftes von kranken Blättern in gesunde Pflanzen, die draussen standen, keine Mosaikkrankheit. Ende November sind diese Pflanzen bis auf 20 cm mit sterilen Messern abgeschnitten und an einem Orte aufgestellt worden, wo nicht geheizt wurde. Während der Wintermonate entstanden die Geizen, woran sich im Monat März erst Flecken zeigten.

XXIII. Bei den Pflanzen, welche im September in den Geizen die Flecken zeigten, *verschwanden diese allmälig beim Eintritt der Kälte*, so dass die gefleckten Blätter im November wiederum die normale grüne Farbe bekamen.

Wie ich früher angab, wird dies auf den Feldern auch beobachtet und schreibt man es den kalten Nächten zu. *Die Temperatur scheint also von Einfluss zu sein auf das Virus.*

XXIV. Auf den von Fermi angegebenen 1% Carbol-10% Gelatine-Platten konnte kein proteolytisches Enzym in den Blättern und Stengeln von lebendigen gesunden und fleckenkranken Tabakspflanzen von mir nachgewiesen werden, ebensowenig in den trocknen fermentierten und nicht fermentierten Blättern.

Es fiel mir besonders auf, dass die fleckenkranken Blatt- und Stengelteile auf diesen Platten sich stärker rosa färbten als dieselben Theile von gesunden Pflanzen. Es kam mir so vor, als ob in den kranken Pflanzen ein oxydierender Körper entstünde, der kräftiger auf Carbol einwirkt, als das oxydierende Agens der gesunden Pflanzenteile.

XXV. Unter den erforderlichen Vorsichtsmassregeln gelang es mir, einige Stengelteile von gesunden Tabakspflanzen rein in Röhrchen auf Wattepfröpfchen zu bekommen.

Ein Tröpfchen durch eine Chamberlandkerze filtrierter Saft von kranken Pflanzen hierauf geimpft, zeigte auch jetzt, obgleich viel weniger kräftig, einen Unterschied in Farbe gegenüber dem nämlichen Safte von gesunden Pflanzen.

XXVI. In ein Erlenmeijer'sches Kölbchen wurde Saft von gesunden Pflanzen filtriert und mit einem Tröpfchen filtriertem Saft von kranken Pflanzen geimpft. Nach 3 Monaten entstand in diesem Safte ein Niederschlag, der nicht von Mikroorganismen herrührte. Der Saft war wohl virulent, doch war keine Verstärkung der Wirkung zu constatieren.

XXVII. *Datura Stramonium*, *Hyoscyamus niger*, *Solanum tuberosum* und *Petunia nyctaginiflora* reagierten nicht auf den Saft von kranken Tabakspflanzen[1].

Aus diesen Versuchen geht hervor, dass unser Agens Übereinstimmung besitzt mit dem Agens der Maul- und Klauenseuche, obgleich ich die Lebewesen bei der Fleckenkrankheit für grösser halte. Im Filtrat finden wir bei den letzteren eine Abschwächung, bei der Maul- und Klauenseuche absolut nicht. Wenn es sich bei den ersteren um eine Bacterie handelt, so müsste diese eine sporenbildende sein. (Vergl. XV.)

Obgleich es noch nicht gelungen ist, den Mikroorganismus, der als Ursache der Fleckenkrankheit betrachtet werden muss, zu sehen oder zu züchten, so habe ich dennoch in diesem Jahre (1898) eine Reihe von Versuchen zur Bekämpfung der Krankheit vorgenommen. Ausgehend von der Meinung, dass die Ernährung der Pflanzen auf die Zusammensetzung des Gewebssaftes von *Nicotiana* Einfluss haben könnte, und dass durch diese Veränderung das unbekannte Virus in irgend einer Weise tangiert werden könnte, habe ich einer grossen Anzahl Pflanzen bestimmte Salze gegeben, manchmal in Mengen, die nicht vertragen wurden. Viele Pflanzen gingen daran zu Grunde. Wenn die Salzgabe, einmal in der Woche bei trockenem Sommerwetter in Lösung gegeben, sich durch das Hinsiechen oder den Tod der Pflanze als zu gross erwies, wurde die Gabe vermindert. Zuerst erhielten die Pflanzen 1 gr., später 0,5 bis 0,25 gr. u. s. w., so viel sie nur ertragen konnten. Nach dem Absterben einer Pflanze wurden also die anderen, die in derselben Reihe auf freiem Felde standen, mit kleineren Mengen Salz gefüttert. Da mir weiter bekannt war, dass Züchter schon lange beobachtet hatten, dass sich die Fleckenkrankheit auf Feldern, die mit Kainit oder Thomasphosphat gedüngt waren, sehr wenig zeigte, habe ich auch mit diesem Salzgemisch Versuche angestellt. Ich erhielt also die folgenden Versuchsreihen:

Fütterung mit:

1. Kaliumkarbonat,
2. Kaliumsulfat,

3. Natriumchlorid,
4. Kaliumnitrat,
5. Kaliumphosphat,
6. Kaliumnitrit,
7. Kainit und Thomasphosphat.

Fig. 14. Tabakspflanzen, welche nach starker Düngung mit anorganischen Salzen am Leben geblieben sind.

Die Ernährung mit Kaliumnitrit musste, wie zu erwarten war, schon bald aufgegeben werden, da 0,5 gr. bereits innerhalb weniger Stunden tötlich wirkten. Weiter herrschte ein grosses Absterben unter den Pflanzen, die phosphorsaures Kali, Chlornatrium und Kaliumkarbonat erhalten hatten. In nebenstehenden Figuren sind einige Pflanzen und deren Blätter abgebildet, die bei obiger Fütterung am Leben blieben. Die mittlere zwergartige Pflanze (Fig. 14) ist in Folge der Kochsalzfütterung sehr zurückgeblieben; dabei sind alle Blätter missgestaltet. Auch bei den anderen Salzernährungen wurde Ähnliches wahrgenommen. In Fig. 15 sind die Blätter in derselben Höhe der Pflanzen abgenommen und abgebildet.

Fig. 15. Blätter von Tabakspflanzen, die im freien Lande übermässig gedüngt worden sind mit Natriumchlorid (I), mit Kaliumsulfat (II), mit Kaliumkarbonat (III) und Kaliumphosphat (IV).

I. ist das Blatt einer Pflanze, die mit Kochsalz, II. mit Kaliumsulfat, III. mit Kaliumkarbonat und IV. mit Kaliumphosphat gefüttert war. Auffallend sind hier die unregelmäßige Blattform und die sehr langen Spitzen an den Blättern. Hierbei ist es von Interesse zu wissen, dass die Pflanzen im Schatten gestanden haben; dasselbe ist bei Pflanzen beobachtet worden, die unter normalen Ernährungsverhältnissen im Schatten gestanden haben, wenn auch in weit geringerem Masse. Am 1. September wurden alle diese Pflanzen mit infektionstüchtigem Gewebesaft in die Hauptnerven eines Blattes geimpft. Alle Pflanzen wurden krank, jedoch nicht in derselben Zeit. Trat früher die Krankheit in der Regel nach drei Wochen ein, so war dies bei der Kainitfütterung erst viel später der Fall. Wenn auch sicherlich Kainit und Thomasphosphat die Pflanzen gegen die Fleckenkrankheit nicht schützen können, so scheint doch eine Abschwächung des Giftes eingetreten zu sein. Im Laufe der Wochen sah ich dann auch bei den drei übriggebliebenen Pflanzen die Flecken kleiner werden, einige selbst ganz verschwinden, ohne dass die anderen Krankheitserscheinungen auftraten. (Fig. 13 *C.*)

Durch diese Fütterungsversuche wurde also das Ziel noch nicht erreicht. Ein ganz anderes Resultat aber hatte der folgende im Grossen angestellte Versuch.

Es drängte sich die Frage auf, ob es möglich wäre, ein Feld, auf dem jedes Jahr die Krankheit sich an beinahe allen Pflanzen zeigte, zu desinfizieren und zwar durch einen Stoff, der ätzend wirkte. Das Mittel musste so gewählt werden, dass die zukünftige Ernte nicht darunter zu leiden hatte. Das Gift musste also durch Zersetzung wieder unwirksam werden. Herr N. van Os in Amerongen, der sich lebhaft für die Sache interessierte, hat diesen Versuch mit sehr günstigem Erfolg im Grossen ausgeführt. Im Februar 1898 wurde auf das am stärksten infizierte Feld, wo jedes Jahr beinahe alle Pflanzen erkrankten, ungelöschter Kalk in einer Menge von 10 hl. pro Hektar gebracht. Nach Verlauf einiger Wochen wurde das Land umgearbeitet und im Monat Mai die jungen Tabakspflänzchen eingesetzt. Jedes Jahr hatte die Krankheit sonst fast alle Pflanzen befallen; diesmal war dies nicht der Fall: die Zahl der erkrankten Pflanzen betrug nur 7%.

Weiter sind von Herrn van Os auf mein Ersuchen im vergangenen Jahre eine grosse Anzahl Düngversuche angestellt worden, wofür ich ihm hier meinen herzlichen Dank ausspreche. Die Versuche erstrecken sich nicht auf einige Pflanzen, sondern auf einen halben Hektar. Folgende Tabelle giebt eine Übersicht der Versuche und ihrer Ergebnisse:

Feldversuche mit Bezug auf die Fleckenkrankheit.

		Krank-	**Krankheit**	**Krankheit**
Dünger.	**Gewächs 1898.**	**heit im**	**in**	**im Gewächs**
		Gewächs.	**»zuigers«**[K].	**1897.**
I. Torfstreu-Pferdemist	gut.	3%.	alle.	keine.
70 000 K. pr.ha.				
II. Torfstreu, Kainit	prächtig, schwerer	keine.	keine.	10%.
700 Kilo, Schlacken-	Tabak, steht dun-			
	kel auf dem Feld			

	und ist nach Trock-			
	nen von guter Farbe			
III. Torfstreu, Peruguano	etwas weniger	keine	30%	10%
500 Kilo.	als II.			
IV. Frischer Schweine-	gut, doch kleines	keine.	keine.	keine.
mist 70 000 Kilo,	Blatt.			
Kali 500 Kilo				
V. Frischer Schweine-	gut.	keine.	sporadisch.	Erbsen,
mist 70 000 Kilo,				Karoten
Heiderasen, ohne				gebaut.
Patent Kali.				
VI. Torfstreu, Patent	keine grossen	keine.	30%	keine.
Kali 500 Kilo.	Pflanzen, Farbe			
	nicht besser als			
	da, wo kein Patent			

	Kali gebraucht			
	worden ist.			
VII. Pferde Kuhmist	gut.	keine.	keine.	keine.
100 000 Kilo,				
Heiderasen,				
VIII. Schafmist 70 000 K.	gutes, kräftiges	2%	15%	5%
	Blatt.			
IX. Torfstreu - Ruth	gut.	keine.	20%.	keine.
X. Torfstreu-Kalk	gut.	7%	40%	100%
(CaO) 10 HL.				
XI. Compost-Fäkalien	Farbe nichtvorzüglich	keine.	keine.	keine.
45 000 Kilo, Peru-	gefarbtes Blatt.			
guano 500 Kilo.				

Aus diesen Versuchen erhellt, dass in Bezug auf die Fleckenkrankheit mit Kainit und Thomasphosphat ein ausgezeichnetes Resultat erreicht worden ist.

Eine gleich günstige Wirkung halten die Düngstoffe, die mit Heiderasen gemengt waren. Die Verwendung von den genannten Düngstoffen und von Erde, die wie der Heideboden von einem reinen Terrain herstammt, kann ebenso wie die Anwendung von ungelöschtem Kalk empfohlen werden.

Was die Düngung mit Kompost-Fäkalien und Peruguano (f. 135 pro Hektar = 225 Mk.) betrifft, so erwies sich diese als ausgezeichnet und ist f. 250 = 416 Mk. billiger als die Düngung mit Schafmist und Peruguano.

Auch mit Bezug auf die Ursachen, welche die Krankheit so allgemein an den »Zuigers« hervortreten lassen, sind sehr interessante Versuche angestellt worden. Die Vermutung, die ich im vorigen Jahre hatte (s. »de Natuur« 1897 pag. 371), hat sich als richtig erwiesen. Herr van Os hat die Güte gehabt, Versuche in grossem Massstabe zu machen. Einige kranke Pflanzen wurden geköpft und unmittelbar darauf wurde einer grossen Anzahl gesunder Pflanzen mit den »infizierten« Fingern die Spitze abgebrochen. Alle Pflanzen blieben unter Beobachtung; das Resultat war, dass 88% derselben krank wurden.

Aus diesem Grunde verdient es Empfehlung, zuerst alle kranken Pflanzen zu entspitzen und nach Desinfektion der Hände oder einige Tage später die anderen, gesunden Pflanzen. Auf diese Weise wird das Gift nicht übertragen und werden also durch die Hand des Pflanzers gesunde Pflanzen nicht infiziert. Erst, wenn das schädliche Agens gefunden, und weiter seine künstliche Kultur im Laboratorium gelungen ist, erst dann wird es durch ein eingehendes Studium seiner Eigenschaften möglich sein, auf einem anderen Wege unsere Tabakskultur gegen eine der am meisten gefürchteten Krankheiten zu schützen.

Bussum, Nov. 1899.

[A] Siehe meine Abhandlung im »Indische Mercuur«, 17 Dec. 1898: De Stikstofvoeding der Leguminosen.

[B] Siehe meine Abhandlung im »Indische Mercuur«, 13 Mai 1899, »Martellin, een nieuwe meststof.«

[C] Siehe meine Abhandlung im »Indische Mercuur« vom 24. Juni 1899. Een critische beschouwing over Loew's theorie der »oxidizing enzymation.«

[D] Siehe meine Abhandlung in »De Natuur«, Augustus 1897. »Microorganismen en het onderzoek der lucht«.

[E] Siehe meine Abhandlung im »Indische Mercuur« 13 Mai 1899 »Martellin, een nieuwe meststof«.

[F] Siehe meine Abhandlung im »Indische Mercuur« 24 Juni 1899. »Een critische beschouwing over Loew's theorie der oxidizing enzymation.«

[G] Aus diesen für den Menschen später so wichtigen Versuchen, erhellt der Nutzen des Tierexperiments, welches allerdings nur erfahrenen Personen anvertraut werden darf. Meiner Meinung nach muss jedoch der zwecklos wiederholte Nachweis schon konstatierter Vergiftungen bei Tieren auf mechanischem, chemischem oder bakteriologischem Wege unterlassen werden, wenn, was nach dem heutigen Stande der Technik möglich ist, durch die Projektion von Lichtbildern ein deutliches Bild der Versuche geliefert werden kann.

[H] Im Sommer 1899 habe ich die Tabaksfelder mit dem Zweck besucht, zu erforschen, ob auch Pflanzen zu finden wären, welche die nicht infektiöse Pockenkrankheit zeigten, (Iwanowski). Allerdings waren auf *einem* Feld drei Pflanzen vorhanden, die auf den mittelsten Blättern kleine Fleckchen hatten, die von denen der Mosaikkrankheit abwichen. Bei einem zweiten Besuch nach Verlauf von etwa 10 Tagen jedoch erwies es sich, dass dieselben Pflanzen in ihren Spitzenblättern die Symptome der Fleckenkrankheit zeigten.

Ich hoffe, hierauf später zurückzukommen, wenn ich für diese Untersuchung geeignetes Material finden kann.

[I] Nach dem Erscheinen meiner holländischen Veröffentlichung im Jahre 1898 und 1899 und meiner Publikation in »Zeitschrift für Pflanzenkrankheiten herausgegeben von Prof. Sorauer (IX. Bd., 2. Heft)« wurde mir durch Briefwechsel mit Dr. Iwanowski in Petersburg bekannt, dass er bereits früher durch die Filtrationsversuche mit mosaikkranken Blättern von *Nicotiana* zu demselben Resultat gekommen war. Auch Beijerinck beschreibt im Centralblatt für Bacteriologie, Parasitenkunde und Infectionskrankheiten, IIe Abth., pg. 27, 1899, ähnliche Erscheinungen bei der Filtration durch Porzellanfilter. Weiter sind die »voorloopige Mededeelingen over het Peh-sem of de Mozaiekziekte in de Tabak te *Deli*« von Dr. van Breda de Haan (Teysmannia 9den jaargang afl. 11-12) sehr interessant.

[J] Als Bemerkung möchte ich hier hinzufügen, dass die veredelten Sorten von *Beta vulgaris* nicht selten dunkelgrüne Flecken in den Blättern zeigen mit den nämlichen Abweichungen, wie bei *Nicotiana Tabacum* beschrieben ist. Der Saft dieser gefleckten Blätter konnte normal gebildete Exemplare von *Beta vulgaris* nicht krank machen. Das Auftreten dieser Flecken ist also von ganz verschiedener Art wie bei *Nicotiana Tabacum.*

[K] Zuiger ist wohl mit »Geize« zu übersetzen, bezeichnet aber nur die Seitenzweige, die aus den Achseln der abgenommenen Blätter sich entwickeln.